KB212779

재미 만점
초등 글쓰기

재미 만점 초등 글쓰기

초판 1쇄 인쇄일 2020년 9월 14일 • 초판 1쇄 발행일 2020년 9월 22일
지은이 황경희
펴낸곳 (주)도서출판 예문 • 펴낸이 이주현
기획 편집 김유진 • 마케팅 김현주
등록번호 제307-2009-48호 • 등록일 1995년 3월 22일 • 전화 02-765-2306
팩스 02-765-9306 • 홈페이지 www.yemun.co.kr
주소 서울시 강북구 솔샘로67길 62 코리아나빌딩 904호

ISBN 978-89-5659-386-9 03590

읽고 쓰기 힘들어하던 아이가 180도 바뀌는

재미만점 초등 글쓰기

황경희 지음

예문
yemun

프롤로그

공부, 제대로 읽고 제대로 쓰고 제대로 말하기가 정답입니다

미안했습니다. 그리고 기특했습니다.

아이들에게 글을 쓰라고 하면 다양한 반응이 나옵니다. 멀쩡하던 손가락이 아프다고 하고, 배가 아프다고 하고, 머리가 아프다고 호소하기도 합니다. 그런 제자들이 '어떻게 하면 글을 술술 쓰게 할까?'가 제 가르치는 인생의 최대 고민이었습니다.

하나의 주제에 대해 몇 시간을 배우고 생각하며 책 한 권을 다 읽은 아이들에게, 그것도 모자라 저는 어김없이 글을 쓰라며 종이를 내밀곤 합니다. 아무리 논술 시간이라 해도 아이들에겐 너무한 일이지요. 세상에 정말 소수의 아이를 제외하고는 글 쓰는 것을 좋아하는 아이는 흔치 않습니다. 하기 싫고 힘든 일을 꼽으라고 하면 늘 순위에 드는 것이 읽기와 쓰기입니다. 그 하기 싫은 일을 시키는 저는 늘 미안했습니다. 확고한 사명감을 가지고 있어도 때론 "내가 너무 가혹한가?" 하는 생각을 하곤 합니다.

읽기 싫은 책을 읽게 하고 쓰기 싫은 글을 쓰게 하는 저만의 비법이 필요했습니다. 무엇보다도 글 쓰는 고통을 줄여주고 싶었습니다. 이런저런 시도를 하다 보니 어느 순간부터인가 글쓰기를 하는 아이들의 표정부터가 달라졌고, 글쓰기를 다하고 나면 뿌듯함을 느낀다는 아이들도 많아졌습니다. 고사리손으로 한가득 바른 글씨를 써 내려가는 것을 보면 한없이 기특했습니다. 이처럼 글쓰기에 대한 저항이 없어지는 것을 보고 저는 확신이 생겼습니다.

제대로 읽고
제대로 쓰고
제대로 말하기가 정답입니다.

아이들의 관심을 책과 연결시켜 읽게 하고, 세상에 대한 관심을 끌어내는 것이 독서교육의 역할이라면이와 관련해서는 저의 첫 책 ≪공부연결 독서법≫에서 자세히 다루었습니다. 이제 그렇게 습득한 지식과 책 속 세상을 내면화시켜 말과 글로 표현할 차례입니다. 읽은 것을 글로 표현하면서 비로소 얼마만큼 이해했고 개념을 알고 있는지를 알아볼 수 있는 수단이 바로 글쓰기입니다.

글쓰기는 거짓말을 못합니다. 독서의 경우 여기저기서 본 것을 조합해 마치 자신이 읽은 것처럼 이야기할 수 있습니다. 그러나 글쓰기로 남을 속이기란 여간 어렵지 않은 것 같습니다. 글쓰기를 하다 보면 자신이 한 일을 자세히 들여다보고, 해야 할 일을 정리하게 됩니다. 그 마음이 글로 나타나 당장 눈에 보입니다. 이 진실된 작업 과정에서 아이들은 가치관을 정립하고, 생각을 정리하며, 미래 사회를 예측하고, 자신들이 무엇을 해야 하는지 그 방법을 찾습니다. 이 성숙한 작업에 노출되면 아이들에게는 놀라운 변화가 일어납니다. 읽은 것은 거짓말할 수 있어도, 쓰는 것은 거짓말을 못합니다.

이 책을 쓰며 마치 롤러코스터를 타는 듯한 기분이었습니다. 글쓰기 책이 과연 도움이 될까? 이 책도 서가에 꽂혀 먼지만 쌓이는 수많은 책 중 하나가 되는 것 아닐까? 오랜 고민 끝에 단 한 분의 부모님 또는 선생님께라도 도움이 된다면 그것이 이 책을 쓰는 제 사명이라고 결론 내렸습니다.

이 책의 큰 장점은 실제 지도할 수 있는 구체적이고 실현 가능한 방법을 소개한다는 것입니다. 실제 수업을 통해 한 줄도 어려워하며 못 쓰던 아이들이 자기의 생각을 마음껏 쓰는 그 기적의 순간들을 실었습니다. 단언컨대, 그대로 해보시면 마찬가지 기적을 체험할 것입니다.

세 줄 이상 못 쓴다는 아이도 신이 나서 한 바닥 가득 쓰게 만드는 비결

1장에서는 초등 글쓰기의 중요성에 대해 이야기합니다. 끊임없이 자신의 생각과 처지와 상황을 알리는 시대, 지극히 개인적인 일이라 할지라도 SNS에 노출하는 세상에서 모든 자기 PR 활동은 글쓰기와 연관돼 있습니다. 따라서 초등 때부터 저항감 없이 글쓰기를 즐겁게 접할 수 있는 방법을 찾으면 인생에 큰 도움이 됩니다. 아이가 글쓰기를 싫어한다고요? 걱정 마십시오, 기꺼이 연필을 들게 하는 방법이 있습니다. 세 줄 이상을 써본 적이 없다는 아이, 또는 그 이상 쓰기를 거부하는 아이들을 지도한 방법을 현장에서의 생생한 경험과 함께 알려드립니다.

2장에서는 쓰기와 읽기, 말하기를 어떻게 연결할 수 있는지 그것이 어떻게 가능한지를 실제 수업 요소들을 가지고 설명합니다. 한 마디로 읽기, 쓰기, 말하기 세트 메뉴에 관한 이야기입니다. 이 세 가지가 함께 이루어지면 어떤 시너지 효과가 있는지를 알 수 있을 것입니다.

한편, 무엇이든 재미가 있어야 합니다. 학교든 학원이든 여행이든, 어딘가 새로운 곳에 다녀온 사람을 향해 묻는 첫마디는 늘상 "재미있었니?"입니다. 그렇습니다. 재미가 있어야 합니다. 그래야 그다음을 기약하는 법입니다. 3장에서는 그다음을 도모하기 위한 재미의 요소를 알아봅니다. 재미있으니 실력까지 늘게 되는 이유, 즉 아이들이 스스로 글을 쓰고 싶다 할 정도로 재미를 주는 방법을 살펴보겠습니다.

4장에서는 다양한 주제에 관해 배운 후 어떻게 글로 쓰게 할 수 있는지에 대해 실었습니다. 같은 주제라도 글의 제목을 어떻게 제시해 주느냐에 따라 아이들의 생각이 표현되는 정도가 완전히 다릅니다. 발문을 어떻게 하고, 주제나 제목을 어떤 식으로 주면 좋을지 자세히 알 수 있습니다. 주제에 대한 충분한 배경지식을 익힌 후 그에 대한 의견이나 생각을 한 바닥 가득 써 내려가는 이유가 여기 있습니다.

글에는 여러 갈래의 형식이 있습니다. 무조건 쓴다고 좋은 것이 아닙니다. 5장에서는 중언부언하거나 자신도 뭐라고 하는지 모르는 말을 마구 쏟아내지 않도록 하는, 스피디하면서도 처방전 같은 방법들을 소개합니다. 형식에 알맞은 글은 어떻게 쓰는지, 누구나 공감 가는 글을 쓰기 위해서는 어떻게 해야 하는지, 읽히기 쉬운 글은 어떻게 쓰는지를 알 수 있습니다.

6장에서는 글쓰기를 통해 우리 아이들이 무엇을 얻을 수 있으며, 어떤 유익과 즐거움이 뒤따르는지를 알아봅니다. 보너스 같은 기분으로 다양한 주제 논술과 관련된 글 제목들을 함께 수록했습니다. 저는 주제에 따른 글 제목을 어떻게 주느냐에 따라 마음 쏟음도 달라진다고 봅니다. 잘 제시해준 제목은 아이들의 머리와 팔을 바쁘게 만듭니다. 한 번씩 동화를 지어보게 하면 초등학생이든 중학생이든, 모두 멋진 제목을 짓는 데 항상 감동하곤 합니다. 책에 대한 아무런 정보 없이 책을 고를 때 주로 고르는 책들의 공통점은 바로 제목입니다. 이는 아이들에게 제목을 잘 제시해주는 것이 얼마나 중요한지를 보여줍니다.

아이들의 변화는
부모님과 선생님의 변화에서부터 시작됩니다

글쓰기를 하다 보면 아이들의 마음이 고스란히 느껴집니다. 장난꾸러기 같던 아이, 혹은 사춘기 바이러스로 인해 매사에 삐딱한 아이들도 글을 쓰면 달라집니다. 가장 솔직해지는 순간이 하얀 종이 위를 바라보는 때가 아닌가 싶을 정도입니다. 농담으로 아이들에게 "너희들은 글 쓸 때 제일 멀쩡하다"라고 말하면 아이들도 어느 정도 수긍합니다. 간혹 가다가 아프고 슬펐던 이야기를 저도 모르게 글 속에 드러낸 아이가 있으면 차분히 이야기도 나눕니다. 더 심하다 싶으면 아이의 엄마에게도 슬쩍 상황을 이야기해줍니다. 혹은 글을 쓰는 자체만으로 치유되는 경우도 있습니다.

어느 5학년 남학생 제자가 이런 동시를 써온 적이 있습니다. "논술 선생님은 때로는 혹독하고 그러나 재미는 있고 술술 쓰게 만드니 마법같이 이상하다." 아이들과 읽고 쓰기를 하면서 이렇게 선생으로서 자리매김을 해왔습니다. 다소 어려운 주제를 공부하고, 종이를 들이밀 때면 왠지 모를 미안함에 함께 고통을 나누고자 그들 옆에 앉아 "선생님도 글 쓸 거다"라며 노트북을 켜곤 합니다. 그러면 아이들은 마치 자신들과 같은 처지에 있는 동지인 것처럼 저를 대해줍니다. "선생님도 얼른 쓰세요." 그렇습니다. 같이 해주는 것에 그들은 감동합니다. 책을 읽을 때면 같은 공간에 앉아 다른 책을 무심한 척 읽곤 하는데, 글을 쓸 때도 같은 공간에서 지지해주니 그 효과가 두 배입니다. 그렇게 같이하는 여러 상황들을 책에 제시하였습니다.

저는 솔직히 글을 유창하게 잘 쓰지 못합니다. 그런 제가 글쓰기 책을 내는 것이 이율배반적이지 않나 싶기도 합니다만, 한 글자 한 글자 써 내려갈 때마다 그저 솔직하고 최대한 진실하게 쓰려고 노력했습니다. 우리 아이들도 부디 읽고 보고 들은 내용을 잘 소화시켜서 한 편의 글을 완성할 때마다 가치관을 바르게 정립할 수 있기를 바랍니다. 그리고 이 책의 내용을 실천해본 부모님과 선생님 덕분에 더 많은 아이들이 '쓰다 보니 괜찮네'라고 생각하게 되길 바랍니다. 이런 변화에 확실한 마중물이 되고 싶은 마음뿐입니다. 지금 이 글을 읽고 계신 여러분의 자녀와 제자들을 지도하는 데 있어 깔끔한 솔루션을 주는 유쾌, 명쾌한 안내서가 되길 소망합니다.

제가 거주하는 대구에서 갑작스럽게 코로나 바이러스가 확산되며 모든 일상이 정지된 시기가 있었습니다. 집 밖으로 나가지도 못하고, 아이들을 만나지도 못하는 현실 속에서 '나는 아이들을 잘 가르치고 있는 것일까? 어떻게 하면 더 잘 가르칠 수 있을까? 다시 아이들 곁으로 가면 잘 습득할 수 있는 학습법이 없을까?' 하는 치열한 고민을 안고 책을 쓰는 데만 몰두했습니다. 수업 장면을 되새김질하고, 나눈 대화를 떠올리며, 서로 웃음 지었던 그 날들을 생각했습니다. 코로나로 인해 갑자기 주어진 시간에, 그나마 읽고 쓰기 할 수 있음에 감사하면서 조마조마한 마음으로 봄날을 보냈습니다.

그러면서 제가 가장 좋아하는 시간, 신이 나서 말이 빨라지며 눈빛이 맑아지고 흥이 나는 시간은 바로 우리 아이들과 수업할 때임을 새삼 깨달았습니다. 이제는 마스크 너머로 그들의 웃는 얼굴이 보입니다. 수많은 이야기를 나누며 웃고, 떠들고, 왜 그럴까 이유도 찾아보고, 비판하고, 해결 방법도 찾아보며 함께 시간을 보낸 나의 제자들에게 감사할 따름입니다. 경로 이탈하지 않고 늘 제자리를 잘 찾을 수 있도록 인도하시는 나의 하나님과 가족에게도 역시 감사합니다. 그리고 저의 첫 책 ≪공부연결 독서법≫에 이어 부족한 글인 두 번째 책도 여러모로 조언하며 책으로 만들어준 도서출판 예문에 정말 감사합니다.

2020년 9월, 황경희

차례

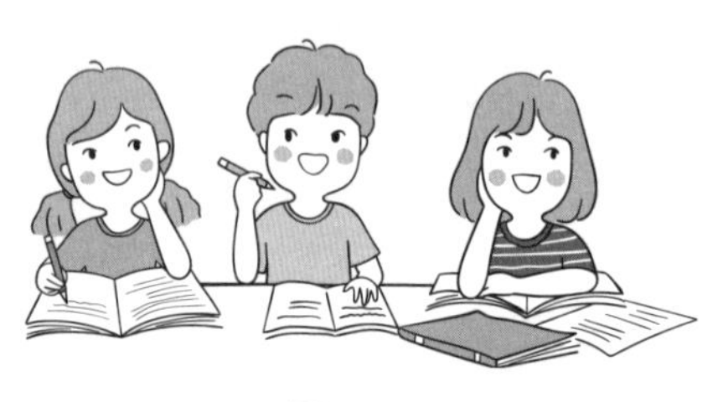

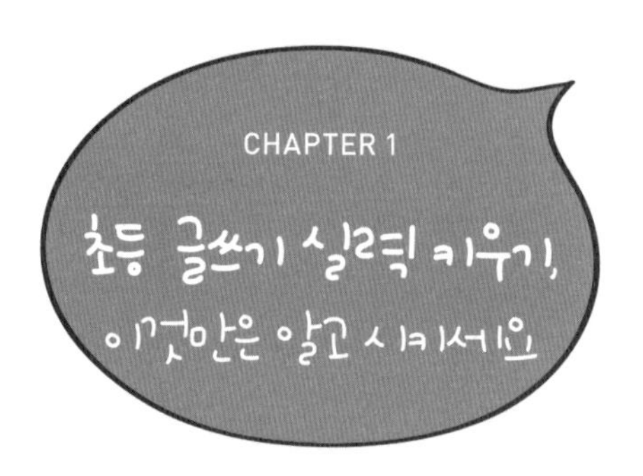
CHAPTER 1
초등 글쓰기 실력 키우기,
이것만은 알고 시키세요

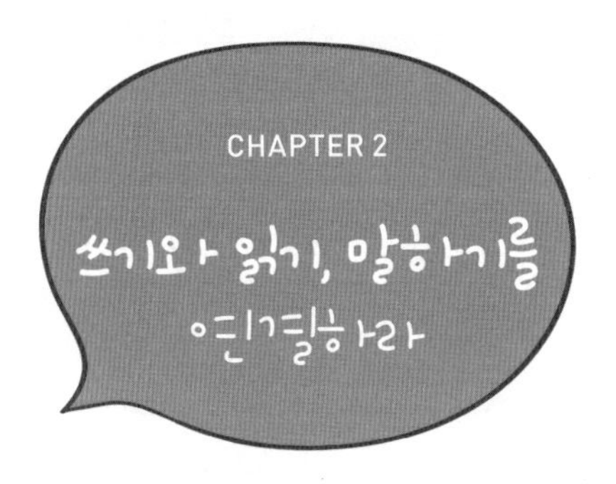
CHAPTER 2
쓰기와 읽기, 말하기를
연결하라

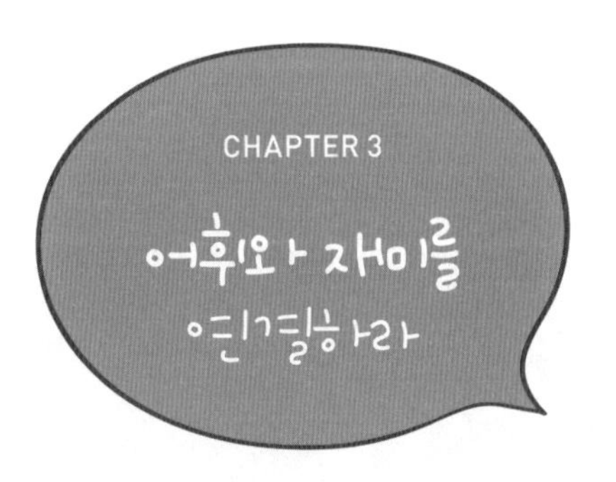
CHAPTER 3
어휘와 재미를
연결하라

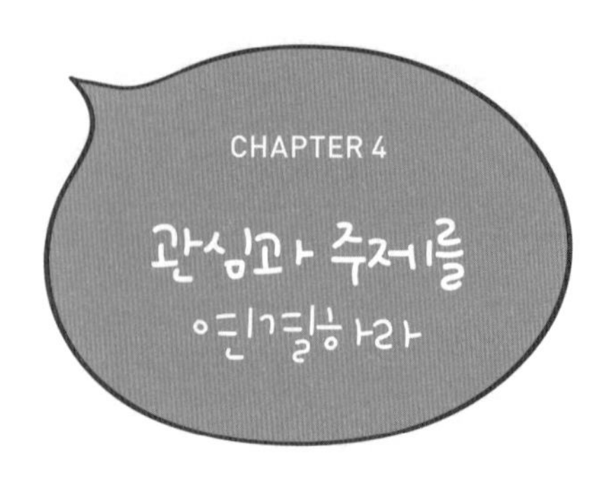
CHAPTER 4
관심과 주제를
연결하라

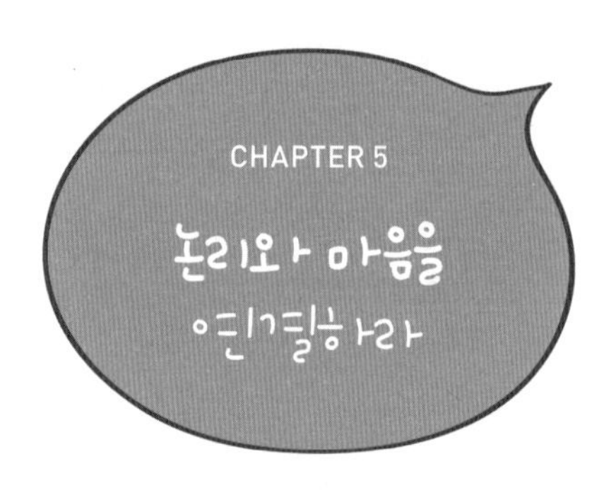
CHAPTER 5
논리와 마음을
연결하라

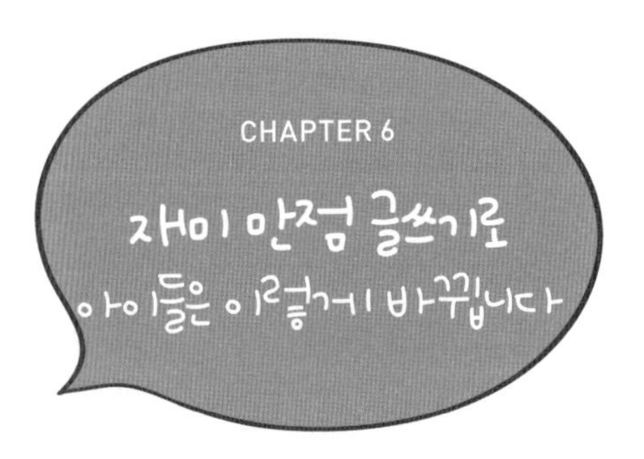
CHAPTER 6
재미 만점 글쓰기로
아이들은 이렇게 바뀝니다

CHAPTER 1

초등 글쓰기 실력 키우기, 이것만큼은 알고 시키세요

글쓰기, 초등 때 재미를 붙이지 않으면 늦습니다

아주 오래전 일입니다. 교회에서 중고등부 아이들과 수련회를 갔습니다. 밤늦게 프로그램을 마치고 취침할 시간이 되었을 때 무심코 중고등학생들에게 이렇게 말하고 말았습니다.

"얘들아, 피곤할 테니 얼른 치카치카 다 하고 자거라."

"……."

제가 무슨 몹쓸 나쁜 짓을 하였기에 일시 정지 화면, 음소거가 되었을까요? 눈치 빠른 분들은 잘못한 부분을 찾으셨겠죠? 네, 제가 잘못한 부분은 바로 '치카치카'였습니다. 청소년들에게 알맞은 단어가 아니라 유아에게 어울리는 단어를 사용하였기 때문입니다. 당시 제 아이가 다섯 살 무렵이었는데, 집에서의 습관대로 무심코 내뱉었던 것입니다. 이처럼 적절한 단어의 선택은 매우 중요합니다. 나이에 맞게, 학년에 맞게, 적절히 단어를 선택하고 사용해야만 글이 빛을 발하고 내용이 전달되고 이해하기 쉬워집니다.

유아적인 단어를 쓰고 책을 거의 읽지 않는 6학년 남학생이 있었습니다. 미안하지만 글을 쓰면 그렇게 유치할 수가 없었습니다. 그래도 자신의 결점을 잘 알고 최선을 다해 열심히 하는 그런 학생이었습니다. 한 날은 글쓰기 주제로 '자신이 좋아하는 것'에 대해 쓰게 했더니 어느 때보다도 신이 나서 글을 썼습니다. 기대하는 마음으로 그 글을 받았을 때의 당혹감은 솔직히 지금도 잊을 수 없습니다.

단어 선택이 중요함을 설명하기 위해서 그 친구에게 양해를 구하고 그 글을 다른 4학년 교실에서 읽어주었습니다. 물론 익명으로요. 이 글을 쓴 학생이 몇 학년일 것 같냐고 물었더니 이구동성으로 "1학년!"을 외쳤습니다. 한두 명이 2학년일 수도 있다고 조심스럽게 추측했습니다. 심지어는 "1학년인데 잘 썼네요, 선생님"이라고 말한 아이도 있었습니다. 제가 6학년 남학생의 글이라고 하니 모두들 거짓말 않고 놀라 자빠질 정도였습니다. 왜 그렇게 착각했을까요? 그것은 바로 학년과 나이에 맞지 않는 단어를 선택했기 때문이었습니다.

뇌의 언어 능력 발달은 대략 12살이면 멈춥니다. 아직 언어 능력이 형성되고 있는 8~10살, 초1에서 초3 사이에 다양한 단어를 습득해야 하는 이유가 여기에 있습니다. 나이에 알맞은 수준의 단어를 구사했을 때 부모가 열렬하게 반응해줌으로써, 여러 유사한 단어를 다양하게 활용하도록 도와줘야 합니다,

간단히 할 수 있는 방법으로는 끝말잇기가 있습니다. 또, 길거리의 간판을 읽거나 혹은 거꾸로 읽어보는 것도 기대 이상의 재미와 효과를 모두 잡는 방법입니다. 거꾸로 읽다 보면 뜻밖에 웃음보가 터지기도 하지만 이를 통해 새로운 단어에 익숙해지니, 그 자체로 게임 같은 공부가 됩니다. 낯선 단어를 입에 착착 달라붙게 하는 훈련이기도 합니다. 책을 읽더라도 우리가 아는 단어나 의미가 나와야지 뜻을 이해하고 책장이 술술 넘어갑니다. 술술 넘어가면 재미있어서 또 다른 책을 찾고 그 언어들이 뇌 속에 저장되어 자신만의 글을 쓰거나 말을 할 때 입으로, 글로 출력됩니다.

즐기게끔 만들어줘야 비로소 씁니다

모든 변화에는 저항이 따릅니다. 아이들은 누워 있다가 뒤집고, 뒤집다가 기어 다니기도 하고, 물건을 잡고 일어서길 반복하다 드디어

1년이 지나면 한 발짝 한 발짝 걸음을 뗍니다. 아이가 첫발을 내디뎠을 때의 느낌은 뭐라고 말할 수 없을 정도의 감동 그 자체입니다. 그런데 많은 아이가 뒤집을 때, 물건 잡고 걷기를 시작할 때 몸살 같은 것을 앓습니다.

한편, 옹알이하던 아이가 한 단어 한 단어 말하기 시작하더니 급기야 문장을 구사하면 우리 엄마 아빠들은 거의 자빠질 정도로 기뻐합니다. 처음으로 아이가 "엄마"를 외쳤을 때 저도 눈물 흘리며 일기를 썼던 기억이 지금도 생생합니다. 말을 잘하는 아이들은 대부분 대가족과 함께 살거나 엄마 아빠가 아이의 반응에 즉각적으로 과장되게 반응해준 경우입니다. 즉, 주위의 반응이 아이의 성취도를 높여준 것입니다. 그렇게 배우기 시작한 말이 모여 문장을 이루고, 단어를 그림으로 배우다가 한 글자 한 글자 한글을 배우고, 혼자 동화책도 읽게 됩니다. 그 모든 일이 생각해보면 오랜 시간의 훈련을 거친 결과입니다.

저는 감히 부모님들에게 부탁하고 싶습니다. 아이가 한 글자 한 글자 꾹꾹 눌러 처음 글을 썼을 때 감동했던 것처럼, 지금 내 아이의 글이 다소 서툴고 문맥이 안 맞더라도 감동해주었으면 합니다. 1, 2학년 수업을 마치고 나오면 종종 그들에게서 쪽지 같은 편지를 받습니다. 수업시간에 몰래 쓴 경우도 있고 전날에 책가방을 싸면서 미리 써오기도 합니다. 맞춤법을 틀린 경우도 많고 내용도 다분히 자기중심적이지만, 그렇게 편지를 주는 아이들에겐 공통점이 있습니다. 수시로 끄적거린다는 것, 그러한 아이들이 고학년이 되면 글쓰기 실력들이 부쩍 향상되어 있는 경우가 많다는 것입니다. 왜 그럴까요? 글쓰기에 두려움이 없기 때문입니다. 조그만 쪽지 하나를 써도 부모님이 감동하고 선생님이 감동하는 모습을 보여주면, 자신감이 상승하여 자꾸자꾸 쓰게 됩니다.

반대로 글자가 틀렸다, 뭘 이런 시시한 것을 쓸데없이 보내느냐는 등의 반응을 보이면 아이는 이내 그 고상한 취미 생활을 멈춰버립니다. 글쓰기와 관련해 좋은 기억을 주었을 때 아이들은 재미있게 쓰고 요리조리 꾸며보기도 하며 스스로 발전합니다. 어른들과 마찬가지로 아이들도 무엇인가에 재미를 붙이면 그 일을 반복하고, 다른 일을 얼른 해치우고 좋아하는 일에 집중하려 합니다. 그렇다면 아이가 글쓰기에 재미를 붙이게 만드는 가장 좋은 방법은 무엇일까요? 고사리 같은 손으로 쓴 글에 대한 엄마 아빠의 무한 칭찬이 아이들로 하여금 연필을 들고 두 줄, 세 줄, 아니 그 이상의 글을 쓰게 합니다. 그 글 속에는 아이들의 마음이 담겨 있습니다. 그 마음을 외면하지 마세요.

어느 날 갑자기 아이가 원고지를 내밀며 "어머니, 이것은 제가 서론 본론 결론에 맞춰 쓴 글로써 주제를 잘 드러내기 위해 풍부한 예시와 근거를 들어 썼사오니 읽어보십시오"라고 하는 일은 절대 일어나지 않습니다. 어느 날 갑자기는 없습니다. 아이들도 즐겨야 그 일을 잘할 수 있습니다. 글쓰기를 즐길 수 있도록 자리를 깔아주고 최대한의 생각과 주장을 진솔하게 내뱉을 수 있도록 도와줘야 합니다.

자, 이제 슬슬 궁금해질 것입니다. 어떻게 하면 '재미'를 붙일 수 있을까요? 그에 관한 구체적인 방법을 지금부터 하나하나 풀어보겠습니다. 아이들도 '즐겨야 쓴다'는 것에 동의했다면, 다음 장으로 넘어가시죠.

세 줄 이상 써본 적이 없어요

저는 <황경희 논술> 학원을 운영하면서 대구 영신초등학교 특색 교육 강사로 논술교과를 가르치고 있습니다. 올해로 13년이 되었는데 1~2학년에게는 글쓰기를, 3~6학년에게는 논술을 가르치고 있습니다.

첫 수업시간에 교실로 들어서면 학생들의 반응은 극과 극입니다. 물론 수업을 듣고 난 다음의 반응은 완전히 달라집니다. 글쓰기 또는 논술 선생님을 처음 만났을 때 아이들이 던지는 첫마디는 항상 이런 식입니다.

"저는 이 세상에서 글 쓰는 것이 제일 싫어요."

"그래? 얼마만큼 싫은데?"

"하늘만큼 땅만큼 싫고요. 저는 여태까지 세 줄 이상은 써본적이 없어요."

"걱정하지 마, 억지로 세 줄을 쓰는 일은 결코 없을 테니까."

저는 그들을 100% 이해합니다. 세 줄, 아니 한 줄도 쓰기 싫어하는 아이들 입장에서는 제 수업시간이 얼마나 막막할까 싶습니다. 주제에 대해서 할 말도 없고 아는 것도 없는데 말입니다. 마음이 완강하게 글쓰기를 거부합니다. 절대 글을 쓰지 않겠다는 굳은 의지가 표정에 강력하게 묻어납니다.

놀이동산에 가면 바이킹이 제법 인기가 많습니다. 바이킹을 타는 것도 스릴 넘치지만, 근처에 서서 바이킹 타는 사람들 표정만 봐도 참 재미있습니다. 한 번은 바이킹을 타는 사람들을 보면서 괴로워하는 사람들과 즐기는 사람들의 행동 패턴을 분석해보았습니다. 무서워서 오만상을 찌푸리고 있는 사람의 경우 배가 올라가면 강하게 몸을 앞으로 숙입니다. 배가 내려오면 반대로 몸을 뒤로 젖히면서 온몸으로 거부합니다. 반대로 즐기는 자들의 모습을 살펴보면 배가 올라가면 몸도 같이 상체를 쭈~욱 활짝 폅니다. 배가 내려오면 슝~하고 마음도 같이 내려옵니다. 그렇습니다. 올라갈 때 올라가고 내려올 때 마음도 같이 내려와야지 바이킹의 스릴 넘치는 제맛을 즐길 수 있습니다.

아이들의 마음도 그렇게 준비되어야 합니다. 그 준비를 어른, 즉 부모나 교사가 도와주어야 합니다. 과연 어떻게 하면 좋을까요?

글쓰기를 거부하는 마음은 얼굴 표정뿐 아니라 글씨에서도 영락없이 나타납니다. 흔히 괴발개발이라고 하죠. 저는 이런 글자체에 아주 예쁜 이름을 지어주었습니다. 이름하여 '휴먼 졸림 체', '발가락 체', '바람 체'입니다. 이런 이야기를 하면, 아이들은 귀신같이 자신의 글씨 상태를 이 셋 중에 하나로 분류합니다. 이처럼 글씨에도 마음 상태가 스며 있습니다.

아이들은 왜 이렇게 글쓰기를 싫어할까요? 학생 자체가 학습에 대해 욕심이 있거나 글을 썼을 때 엄마의 통제나 첨삭을 많이 받은 경우, 글 속에 너무 많은 것을 담아내려 하니 시작부터가 막막합니다. 그러니 마음이 우선 글쓰기를 거부합니다. 공부도 잘하고 다방면에서 뛰어난 아이가 글쓰기에서도 뛰어나야 한다는 강박을 느끼고는 "절대 못쓰겠어요"라고 하는 경우가 많습니다. 이런 아이들은 글을 써 내려갈 때 지우개를 엄청 사용하는 경향이 있습니다. 한 글자 쓰고 지우고, 한 줄 쓰고 지우길 반복하는데 가장 엄격한 독자인 엄마를 염두에 두고 글을 쓰기 때문이죠. 그러면 저는 농담 반 진담 반으로 "닥치고 쓰라"고 합니다.

쓰기 힘들어하는 아이들은 글의 제목부터 고민하는 경우가 허다합니다. 그럴 때도 제 솔루션은 "닥치고 쓰라"입니다. 제목은 글을 다 쓰고 붙여도 되며, 그래야 더 멋진 제목이 나온다고 말합니다. 자신이 알고 있는 사실을 글로 쓰는 것이 진짜 공부입니다.

출력을 원한다면 입력이 먼저입니다

교실에서 30여 명이 단체로 조용하게 글을 쓸 때면 저는 온몸에 전율이 흐릅니다. 연필의 서걱거리는 소리가 마치 단체로 연주하는 멋진 교향곡처럼 들립니다. 다 쓴 글들을 읽을 때의 기분은 좋아하는 음식을 시켜놓고 막 세팅되어 눈으로 감상한 후 첫 수저를 들 때와 같습니다. 한 마디로 '완전 설렘 100% 충전 완료'입니다. 글쓰기를 힘들어하던 아이들이 만면에 진지함을 갖추고, 즐거움을 느끼며 긴 글을 써왔기 때문입니다.

세 줄, 아니 한 줄도 못 쓰던 아이들이 어떻게 그리 조용히, 다른 아이들과 마찬가지로 열심히 글을 쓸 수 있었을까요? 그것은 인풋Input이 충분했기 때문입니다. 아이들이 그토록 쓰기 버거워하는 이유는 글쓰기 주제에 대해 아는 바가 전혀 없기 때문입니다. 처음 듣는 주제나 평소 전혀 생각해보지 않은 주제, 생각하기 싫은 주제이기 때문입니다. 글쓰기 주제를 아이들이 쉽게 접근할 수 있도록 보여주고, 같이 이야기 나누며 다르게 생각해보고, 공감하고 비판도 해보며, 충분히 배경지식을 익히게끔 이끌어야 합니다.

이런 접근 없이 다짜고짜 "이러저러한 주제로 설명문을 써보자"라고 하면 아이들은 그 순간부터 질립니다. 그들의 언어로 "어쩔"입니다. 쓰고자 하는 주제에 대해서 관점을 달리하며 다양하게 이야기를 나누어야 입력Input이 되고, 그래야 쓰기Output가 됩니다. 인풋이 있어야 아웃풋이 있습니다.

머릿속에 있더라도 글로 풀어내기란 만만치 않습니다. 때로는 글을 쓰라고만 하지 말고 그 글 속에 꿈을 심어줘야 합니다. 주어진 주제에 대해 자세히 배우고 나서도 반 페이지를 못 넘기던 아이가, 어느 날은 A4지 한 바닥을 빼곡하게 채워 쓰고선 이렇게 말하지 않겠습니까.

"선생님, 샤워한 것 같아요. 시원하고 개운해요."

"할렐루야!"

이게 바로 글쓰기 치료입니다. 읽기와 쓰기는 분명 치료가 됩니다. 하고 싶은 말을 실컷 하고 나니 통쾌한 마음이 드는 것입니다. 이와 관련해서는 5장에서 더 자세히 설명하겠습니다. 글을 쓰는 아이들의 표정을 보면 참 재미있습니다. 처음 시작은 굳은 표정이지만 생각대로 술술 풀리니 얼굴이 환하게 바뀝니다. 마치 변비약 광고 속 모델의 표정이 변하듯 말입니다. 첫 시간에 세 줄도 못 쓰겠다던 아이부터 시작해서, 수업 듣는 30여 명 거의 모두가 정해진 분량을 거뜬히 채웁니다. 기적이 일어난 것입니다!

충분한 인풋이 멋진 아웃풋을 만들어내는 순간입니다. 인풋의 과정을 교사나 학부모가 도와주면 훨씬 더 글이 풍부해집니다. 입력과 출력을 잇는 다리 역할을 어른이 해줘야 합니다. 다짜고짜 쓰기는 너무

가혹한 것이지요.

우리가 주고받는 문자, SNS, 블로그 등 모든 것이 글쓰기입니다. '피할 수 없으면 즐기라'는 말이 있습니다. 아이들이 글쓰기를 즐기도록 만들어주세요. 4차 산업혁명으로 인해 사회의 모습이 바뀌어 사물인터넷과 인공지능들이 넘쳐날수록 인간 고유의 능력, 그중에서도 쓰기 능력은 더욱더 중요해질 것입니다. 가끔씩은 주제와 맞지 않고 다소 엉뚱하거나 논리력이 떨어지고 당황스러운 글을 쓰더라도, 저는 평가하지 않습니다. 오히려 살짝 과하게 칭찬해줍니다.

"이게 뭐지? 글자가 틀렸잖아."

"문법적으로 말이 맞지 않군. 뭐야? 띄어쓰기도 잘못됐어."

이렇게 질책하며 빨간 펜으로 지도 흔적을 남기는 순간 아이들은 쓰고자 하는 마음의 문을 또다시 닫을 겁니다. 기억합시다. 아이들은 빨간 펜을 싫어합니다.

채점하지 마세요, 감동하세요

아이를 학교에 보내고 나면 엄마들은 노심초사입니다. '내 아이는 잘할 거야', '나는 우리 아이를 믿어'라고 마음을 다잡지만, 솔직히 대부분의 엄마는 내 아이의 학교생활에 신경을 곤두세우고 보이지 않게 온갖 방법으로 지원을 아끼지 않습니다. 때로는 그 지원이 지나친 나머지, 아이가 엄마에 의해 움직이는 로봇이 되기도 합니다.

학교마다 상이하겠지만 글짓기와 관련한 학교 전체 문예행사는 대개 특정 시기의 특정 테마와 연관이 있습니다. 4월에는 과학의 달을 맞이하여 그림 그리기 대회와 함께 미래에 일어날 일에 대한 글짓기 혹은 상상 일기 쓰기 대회가 열립니다. 5, 6월에는 양성평등 글짓기 대회가 있고, 가을에는 학예회 준비 삼아 반별로 그림을 그리거나 자유주제로 글쓰기운문, 산문를 하며 10월에 백일장 대회 정도가 열립니다. 여기에 학교 사정에 따라 대회가 조금 더 추가되거나 축소되는 경우가 있습니다.

대회 자체는 문제가 없습니다. 문제는 '상장 하나라도 받아서 내 아이의 기가 살았으면 좋겠다'는 엄마의 바람이 너무 큰 나머지 생깁니다. 예를 들어 저학년인 경우, 산문보다는 운문을 쓰자는 엄마와 그에 따르는 아이 사이에 비밀이 생깁니다. 그 비밀은 바로 '미리 써둔 동시 외워 쓰기'입니다. 집에서 미리 엄마 생각 반, 아이 생각 반 정도 들어간 동시를 쓰고, 대회가 있는 전날에 엄마와 아이가 함께 외웁니다. 그리고 이튿날 대회에 참석한 아이는 엄마와 외운 대로 줄줄 써 내려갑니다. 동시가 뭔지 산문이 뭔지도 모르는 옆 자리 아이들과 비교했을 때 결과는 당연지사! 아이는 글짓기운문 부문 상장을 받게 되는데, 문제는 그 뒤에 일어납니다. 이 아이가 마침 글쓰기에 재능이 있다면 모르겠지만, 혹시 글쓰기에 재능이 별로 없는 경우라면 학년이 올라감에 따라 글짓기 관련 상장은 먼 나라 이웃나라 이야기가 되고 맙니다. 물론 상을 받으면 기분도 좋고 자신감도 향상되지만 저는 이런 일들은 '엄마의 욕심'이라고 감히 말하고 싶습니다. 어째서냐고요?

저학년일 때 받은 그 상장에 대한 아이들의 기억이 결코 좋지만은 않기 때문입니다. 먼 훗날, 아이들이 스스로 고백하기도 합니다. 믿기 어려울 수도 있겠지만, 제가 독서 논술을 오랫동안 가르친 경험에 비춰 이런 일들은 비일비재하게 일어납니다. 참으로 씁쓸한 일이죠. 그런데 이와는 반대로 저학년일 때는 상과 인연이 없었는데 점점 더 실력이 향상되어 고학년스스로 관심을 가지게 되었거나 혹은 상장에 대한 엄마의 지대한 관심이 사라진 뒤에야이 되어서야 글짓기 관련 상을 받아오는 경우도 있습니다. 이 같은 아이들에게는 대체 어떤 일이 있었던 걸까요?

저는 단언컨대 '이런 아이들이 경험한 글짓기에는 지우개와 빨간색 펜이 없었다'고 말하고 싶습니다.

아이들이 글을 쓰고 나면 대개 엄마들은 채점자가 되어 틀린 글자는 물론이고, 문맥이 맞지 않는 부분까지 색깔 있는 볼펜으로 열심히 첨삭합니다. 그리고 다시 쓰라고 돌려주죠. 맞춤법 정도는 체크해줄 수 있으나 아이의 글은 아이답게 써야 합니다. 엄마는 엄마의 잣대로 글을 수정하기 때문에, 그러한 글 속에는 아이가 아닌 엄마의 흔적만이 남아 있습니다. 아이들의 글을 읽어보면 그 속에서 엄마의 가치관이 보이기도 합니다. 글 속에 제법 어려운 말을 사용한 것을 보고 물어보면 아이는 그 뜻도 모르고 쓴 경우가 많습니다. 엄마가 고쳐준 대로 그대로 옮겨 쓴 것입니다.

빨간 펜을 들고 수정해주기보다는 자신이 쓴 글을 소리 내어 한 번 읽어보게 해 주세요. 그러면 스스로 틀린 글자도 찾아내고 내용이 어색한 것도 찾아내며 매우 뿌듯해합니다. 종이에 쓴 글자들은 평면적이지만, 읽히는 순간 입체감이 생깁니다. 실감 나게 느껴지고 생생해진답니다. 냉정한 채점단이 되지 마시고, 아이가 쓴 글에 공감해주는 것이 글쓰기 실력을 향상시키는 지름길입니다.

엄마가 지켜보고 있다는 부담감

엄마의 간섭이 많은 경우, 아이들의 행동에서 특이할 만한 것은 앞서도 이야기했듯 지우개를 많이 사용한다는 것입니다. 자신이 쓴 일기나 글에 대해 많은 지적을 받아온 아이들은 지우개를 매우 자주 씁니다. 종이가 찢길 만큼 지우고 또 지우고를 반복하는 경우가 흔합니다.

글을 쓰기 시작하는 순간부터 머릿속으로 엄마 독자를 너무너무 의식하고 있기 때문입니다. '이렇게 쓰면 엄마가 혼내실 거야', '이렇게 쓰면 안 되는데' 하면서 지우개를 많이 씁니다. 심지어 울면서 지우개로 지우고 또 쓰는 모습을 옆에서 지켜보면 그렇게 안타까울 수가 없습니다. '아이와 엄마 사이에 무슨 일이 있었나?' 하고 염려되는 순간이죠. 저는 학부모들과 그다지 통화를 많이 하는 편이 아닌데 이런 경우에는 제가 먼저 전화를 드립니다. 글을 쓰면서 엄마를 지나치게 의식하고 있고 틀릴까 봐 혹은 너무 완벽하게 쓰려고 지우개를 많이 사용하니 "당분간은 아이의 글을 터치하지 말고 약간은 과장되게 칭찬하면서 자신감을 불어넣어주세요"라고 말합니다. 상을 받길 원한다면 오히려 아이다움, 학생다움이 묻어나는 글이 더 수상 안정권에 들 것이라고도 덧붙입니다.

수업을 하면서 유난히 잘 따라주고 글을 멋지게 쓰는 아이를 보면 그렇게 기쁠 수가 없습니다. 잘 쓴 글을 보며 둘 다 흥분한 상태에서 "엄마에게 보여주자"하고 사진을 찍어 보내기도 합니다. 그런데 가끔은 어머니의 반응에 실로 놀라지 않을 수 없습니다. "글씨는 좀 정돈된 거 같네요. 그런데 다섯째 줄 문장이 문법이 맞지 않는 것 같고 문맥이 자연스럽지 않아요"라는 식의 답변을 받기 때문입니다.

물론 대부분의 엄마들은 "집에 돌아오면 치킨이라도 시켜줘야겠어요"라며 기뻐합니다. 그러나 간혹 가다가 지우개를 많이 쓰던 아이의 엄마에게서 위와 같은 문자를 받으면, 마음속 팽팽하게 차올랐던 풍선에서 바람이 쑥 빠지는 그런 기분이 됩니다. 고작해야 1, 2학년이 문법에 맞게, 문맥에 맞게 잘 쓸 수 있을까요. 그저 자연스럽고 읽기 쉽게, 설득력 있게, 때로는 어설픈 감동을 주게 쓴다면 그것이 아이답게 잘 쓰는 것입니다.

우리 아이들, 자기 딴에는 최선을 다해 쓴 글입니다. 그런 글에 대한 엄마의 날카로운 비판이 아이들의 기를 죽입니다. 반면에 어설퍼도 엄마가 아이의 실력을 믿어주고, 분량이 짧고 다소 말이 맞지 않더라도 엄마가 "너무 재미있네! 그런데 이렇게 쓰면 더 좋을 것 같아", "세상에나! 언제 이렇게 글을 줄줄 썼니? 대단하네!"라며 작은 칭찬이라도 해주면 실제로 그 아이의 글 솜씨가 점점 더 향상됨을 볼 수 있습니다.

색깔 있는 첨삭용 볼펜을 없애고, 지우개로 지우지 않고 자유롭게 쓰도록 믿고 맡겨보세요. 그럼 제법 진솔하고 재미있는 글을 들고 와서 "엄마, 이것 보세요"라며 내미는 그 날이 반드시 올 것입니다.

오늘도 우리 아이들의 글에 감동할 준비를 하시고, 리액션 장전! 다소 오버해서라도 내 아이 실력이 는다면야 무슨 일이든 못할까요. 방청객 같은 리액션을 부~탁~해요!

글쓰기 수업에 재미를 붙게 하는 논술의 4법칙

축구, 야구, 태권도, 발레, 피아노, 만들기, 레고, 종이접기, 그림 그리기, 로봇 과학, 바둑, 줄넘기, 바이올린 등등 기존의 학교 공부 외에도 우리 아이들이 배우는 것은 매우 다양합니다. 학원을 통하거나 아니면 개인적으로, 부모님과 의논하거나 부모님의 계획에 의해, 꾸준히 배우는 것도 있고 학년마다 바꿔가며 배우는 것도 있습니다. 이 중에서도 예나 지금이나 늘 배워야 하는 과목 중 하나는 단연코 '글쓰기'입니다. 어떠한 공부를 하든 이 기초 소양이 절대적으로 필요하기 때문입니다. 이처럼 모든 과목 공부에 필요한 대들보 과목이라 할 글쓰기, 그러나 오랜 시간 동안 아이들이 제일 배우기 싫은 과목 랭킹 1위를 차

지해왔습니다. 좋아하는 아이도 있습니다만, 간혹 가다 한 반에 한두 명 정도입니다.

제가 출강하는 학교는 사립초등학교라 다양한 과목들을 배웁니다. 중국어 같은 제2외국어는 물론이고, 물론 1인 1악기를 연주할 수 있도록 배우며 다양한 스포츠 수업도 마련되어 있습니다. 이처럼 재미있는 다른 과목이 많은데 '글쓰기'도 모자라 '논술'이라고 쓰인 수업에 들어가고 싶은 아이들이 얼마나 되겠습니까? 교실에 들어가면 학생들의 저항이 어마어마합니다. 저녁마다 쓰는 일기도 귀찮아 죽겠는데 논술 글쓰기를 수업시간에 따로 배워야 한다니, 아이들 입장에선 스트레스가 아닐 수 없습니다.

저의 지상 최대 과제는 이 지루하고 재미없기 짝이 없는 과목의 대명사인 논술 글쓰기를 어떻게 하면 재미있게 가르쳐 아이들의 생각을 끄집어내고 자연스럽게 술술 쓰게 할 것인가, 입니다. 재미없는 과목일수록 재미있게 접근해야 한다는 주의라서 늘 그러한 고민에 빠져 있습니다. 한편, 첫 수업시간부터 아이들의 마음을 휘어잡고 저의 교육 목표로 아이들을 데려가기 위한 방법을 모색합니다. 그러한 장치의 일환으로, 어떻게 글을 써야 하며 논술 수업에 대해 어떤 자세를 가져야 할지 '법칙'을 만들어 아이들에게 알려주고 있습니다. 이름하여 '논술의 법칙'입니다.

반가운 사실은, 이 법칙을 만들고 보니 모든 과목에 논술의 법칙을 적용하면 학교생활을 기가 막히게 잘할 수 있더라는 것입니다. 법칙은 총 4가지인데요, 지금부터 하나하나 알아보겠습니다.

논술의 4법칙

① 수업 준비
보이는 것, 보이지 않는 것

② 배려하기

③ 가랑비에 옷 젖기

④ 하이믹스

논술의 법칙 첫 번째, 수업 준비하기

수업시간 40분을 마친 후, 책 준비하고 화장실 가고 친구들과 놀다 보면 10분은 정말이지 금방 지나갑니다. 물론 중고등학교 학창 시절을 추억해보면 매점을 한 바퀴 돌고 옆 반에 가서 준비물도 빌리고 화장실도 갈 수 있는 시간입니다만, 나의 상대는 초등학생들! 아이들은 무언가에 빠지면 종이 치거나 말거나입니다. 심지어 장난을 치거나 싸

우던 중이면 수업이 시작돼도 선생님에게 심판을 요구하는 등 분위기 파악을 못할 때가 많습니다. 정신 무장이 필요한 순간입니다.

그래서 저는 수업 준비와 관련해 두 가지를 일러두었습니다. 보이는 것과 보이지 않는 것입니다.

먼저 보이는 것은 교과서와 필기구입니다. 수업을 시작하려는데 그제야 책상 서랍을 뒤지고 사물함에 가서 책을 가져오는 행위는 일찌감치 차단합니다. 필기구도 마찬가지이죠. 글을 쓸 때는 연필과 지우개가 매우 중요합니다. 한 글자 쓰고 지우개 없어 친구한테 빌리고, 한 글자 쓰고 또 빌리고 하다 보면 집중력이 떨어져 글이 매끄럽지 못할 때가 많습니다. 그리고 아이들은 의외로 연필의 촉감에 예민합니다. 자기들 나름대로 글이 잘 써지는 연필이 있다고 합니다. 저는 이 모든 것을 논술과 글쓰기 시간 전에 준비하라고 합니다. 한 명이라도 준비가 안 되어 있으면 진도를 나가지 않을 거라 엄포를 놓습니다. 그러면 대부분이 잘 준비해둡니다. 내 아이의 학습 습관에도 이런 루틴을 정해두면 효율적일 것입니다.

다음으로, 보이지 않는 준비는 바로 마음의 준비입니다. 앞서 이야기한 것처럼 여러 가지 재미있는 과목들을 뒤로하고 지루하기 짝이 없는 논술 수업에 임하려면 사전 마인드 콘트롤이 필요합니다. 수업을 마치고 나갈 때면 등 뒤편으로 아이들의 말소리가 들려옵니다. 다음 시간이 수학 시간이면 "아이씨, 수학이다"라며 투덜대는 소리가 들립니다. 그런데 다음 시간이 체육이면 어김없이 "앗싸, 체육이다"라는 남학생들의 들뜬 목소리가 귓가에 울립니다.

여기서 착안해서, 제가 교실 문을 열고 들어가면 "앗~싸, 논술이다!"를 외치게 합니다. 실제로 시뮬레이션도 해보지요. 결과는 대성공입니다. 유치한 것 같아도 아이들은 이런 의식과 부수적인 것들에 더욱 재미있어하고 기대감을 가지고 임합니다.

눈에 보이는 것과 보이지 않는 마음의 준비가 끝나면 아이들의 마음속 수업에 대한 기대감은 충전 완료 상태가 됩니다.

논술의 법칙 두 번째, 배려하기

요즘은 집집마다 자녀가 한두 명에 불과하고, 가끔 가다 셋 이상인 집이 있으면 놀라워할 정도입니다. 대부분이 핵가족 형태인 데다, 생활패턴도 자녀 위주인 가정이 많다 보니 자기중심적 삶에 익숙한 아이들이 많습니다. 그와 더불어 아이들의 타인에 대한 배려심도 점점 옅어지는 것 같습니다. 큰소리로 떠들고 싶으면 아무 때나 떠들고, 화장실을 가고 싶다고 해서 허락하면 너무나 당당하게 앞문으로 다녀옵니다. 다른 친구들이 수업 중인데도 말입니다. 자유분방하다 볼 수도 있지만 옛날 사람인 저는 수업시간에 이런 이기적인 행동을 하면 반드시 지적합니다. 배려는 사회생활의 가장 기본적인 덕목임을 가르쳐주고 싶습니다.

교실도 하나의 작은 사회입니다. 더불어 사는 사회에서 배려가 중요함을 우리 아이들이 교실에서부터 배우기를 바랍니다. 한 학생이 잘못하더라도 그 아이를 정죄하듯 혼내지 않습니다. 다만 아이들이 '배려'가 모두 지켜야 할 삶의 법칙임을 알고 수업에 임하게끔 합니다. 그러면 교실에 앉아 있는 아이들의 자세가 달라져 있습니다.

배려! 아무리 강조해도 지나치지 않습니다.

논술의 법칙 세 번째, 가랑비에 옷 젖기

우리 속담에 '가랑비에 옷 젖는 줄 모른다'는 말이 있습니다. 글쓰기와 논술은 영어 단어나 수학 문제처럼 매일 외우거나 풀어야 하는 과목은 아닙니다. 그러나 학원에 와서 공부하는 일주일에 한 번 90분학교에서는 일주일에 40분 동안이나마 제가 짠 교육 과정을 따라 조금씩 조금씩 배우다 보면, 학기가 끝나고 학년이 끝날 때쯤이면 아이들은 어느새 원하는 교육 목표에 도달해 있습니다.

이런 경험을 통해 저는 학교의 중요성을 알게 되었습니다. '학년에 따라 잘 짜여진 교육 과정을 제대로 이수하기만 해도 가랑비에 옷 젖듯이 교육 목표에 다다를 수 있겠구나' 하고 말이죠. 학원에서나 학교에서나 제 나름대로 지도안을 짜고 그 계획대로 욕심내지 않고 차근차근 수업하고 가르치려 노력합니다.

이처럼 매일매일의 걸음이 길을 만듭니다. 가랑비도 맞다 보면 푹 젖게 됩니다. 이때 가랑비는 아주 기분 좋은 가랑비입니다.

논술의 법칙 네 번째, 하이믹스

마지막은 저의 글쓰기 수업에서 가장 중요하게 다뤄지는 하이믹스High Mix입니다. 수업 중에 써오는 것들을 보면 지루하기 짝이 없는 밍밍한 글이 있고, 저도 모르게 웃음이 새어 나오게 만드는 글도 있습니다. 후자의 특징은 실제로 있었던 상황, 즉 경험했거나 봤거나 느낀 점들을 글 속에 잘 섞는다는 것입니다. 양념이 잘 베인 음식들처럼 간이 딱 맞아서 감칠맛 나는 글들입니다.

'오이 탕탕이'라고 하는 음식이 있습니다. 일반 오이무침처럼 그냥 칼로 써는 것이 아니라 살짝 두들겨서 못생긴 모양으로 만든 후 손으로 뭉텅뭉텅 찢어서 무칩니다. 그러면 구석구석 양념이 잘 베여 일반적인 오이무침보다 새콤달콤한 맛이 강해집니다. 한 입 먹으면 절로 침샘을 자극하죠. 글도 그런 것입니다. 재료들을 잘 어우러지게 섞어야 합니다. 그렇다면 하이믹스란 대체 무슨 뜻일까요?

제가 이러한 법칙을 만들어내게 된 계기는 ≪오리진이 되라≫강신장 지음, 쌤앤파커스라는 책이었습니다. 그 책에서 무릎을 탁 치게 하는 이야기를 읽었거든요. 1990년대 후반 일본 아오모리 현에서의 일입니다. 사과 수확을 코앞에 두고 아오모리 현에 역대급 태풍이 들이닥쳤습니다. 수확을 기대하고 있던 와중에 사흘 밤낮 비와 바람이 그 동네를 휩쓸어버렸습니다. 사과가 비바람에 거의 다 떨어지자, 온 동네 사과농부들은 머리를 싸매고 누웠습니다. 일 년 농사가 다 망해 의욕이 완전히 사라진 것이죠. 그 마을에 어느 젊은 농부가 좋은 아이디어가 생겼는지 동네 어르신들을 불러 모아 대책을 강구해보자 했습니다. 그러나 마을 어른들은 바닥에 떨어진 사과가 나무에 붙어 있는 사과보다 더 많은데 무슨 해결책이 있겠냐면서 핀잔을 줬을 따름이었죠. 젊은이는 그러나 굴하지 않고 다른 농부들을 설득했습니다.

그가 내놓은 해결책은 다음과 같았습니다. 우리나라와 마찬가지로, 일본에도 중요한 시험을 앞둔 수험생에게 딱 붙으란 의미로 떡이나 엿을 주는 관습이 있습니다. 여기에서 착안하여 소위 '합격 사과'란 걸 생각해낸 것입니다. 사흘 밤낮을 비바람에 시달리면서도 나뭇가지에서 떨어지지 않은 사과를 한 알씩 고급스럽게 포장해 합격 사과라는 이름으로 팔았고, 결과는 대성공이었습니다. 그 젊은 농부는 사과와 합격이라는 것을 하이믹스High Mix했던 것이죠.

이 이야기를 수업 첫 시간에 들려주면 아이들의 눈빛은 반짝반짝 빛이 납니다. 글은 이렇게 저렇게 써야 한다고 가르칠 때보다 귀에 더 쏙쏙 들어온다는 표정입니다.

우리가 매일 쓰는 스마트폰은 컴퓨터와 전화기를 융합한 것입니다. 함평군은 나비와 축제를 만나게 해서 축제의 새로운 지평을 열었죠. 곳곳에서 이렇게 어울릴 것 같지 않은 아이디어들이 하이믹스된 결과 세상에는 점점 더 흥미로운 것들이 늘어나고 삶의 양식은 진보되어 갑니다.

글도 마찬가지입니다. 하이믹스를 통해 개성 있는 글이 되고 설득력 있는 글이 되고 힘이 있는 글이 됩니다. 모든 글을 쓸 때 저는 이 하이믹스가 중요하다고 봅니다. A4 용지에 주제와 알맞은 각종 양념들을 잘 섞는 것이 글쓰기입니다. 그 맛은 달콤하며 새콤하며 짭짤하고 담백하며 고소하고 얼큰하고 매콤합니다. 잘 버무려진 음식을 먹었을 때의 그 '기분 좋음'이란 단순한 배부름만이 아닙니다. 우리 몸속 곳곳에서 영양분이 되고 자양분이 되어 몸과 마음을 즐겁게 해주는 것은 물론이고 세포 하나하나를 살리는 것입니다. 글쓰기는 그런 것입니다. 사람을 살리는 것입니다.

요즘 세상의 공부 능력, 독서 논술 실력 없이는 안 되는 이유

2학년 교실에 들어서니 한 아이가 활짝 웃으며 저를 맞이해줍니다. 반가운 마음에 "무슨 좋은 일이 있니?" 하고 물었더니 "선생님 때문에 제가 일기도 잘 쓰고 백일장에서 동상도 받았어요. 이게 다 선생님 때문이에요"라고 합니다.

"흐흐흐, 정말 기쁜 소식이네. 선생님 때문이 아니라 덕분이겠지?"

"덕분? 아, 몰라요 그냥 하여튼 선생님 때문이에요. 우리 엄마도 다 선생님 때문이라고 그러셨어요."

그날 퇴근길에 아이의 '때문'이라는 말을 한참 생각했습니다. 물론 그 아이 어머니는 '덕분'이라고 표현했을 겁니다. 아이들이 아직 그 말

뜻을 모르니, 아는 말을 사용한 것이겠죠. 아무튼 저는 그 이야기를 듣고 '때문이 아니라 덕분'이고 싶은 생각이 간절했습니다.

쉴 새 없이 변하는 시대, 우리가 맞닥뜨리는 과제들은 계속해서 바뀌며 그에 적응해나가는 것이 현대인의 숙명입니다. 변화에 발맞추지 않으면 살아남기 힘든 세상이 되었습니다. 서론이 이렇게 긴 이유는 우리의 교육환경이 급격하게 변하고 있기 때문입니다. 코로나 바이러스로 인해 개학 연기, 온라인 개학 등 누구도 경험해보지 않은 사상 초유의 사태들이 벌어지고 있습니다. 부모 세대가 학교에 다녔던 때와 지금 시대를 비교해서는 안 됩니다. '라떼는 말이야'라고 말하는 그 순간부터 꼰대가 되는 거죠. 앞으로 세상은 코로나 사태 이전으로 돌아가지 못할 것입니다. 기존 수업과 다른 환경에서 스스로 공부하고 생각하고 표현하는 방법을 익혀나가야 할 것입니다.

인공지능과 데이터 산업의 발전은 또 어떻습니까? 인간이 아무리 배워도 컴퓨터처럼 학습머신러닝할 수는 없습니다. 컴퓨터와는 다른 발상과 표현, 즉 인간 고유의 사유 및 언어 능력이 더욱더 중요해질 것입니다. 이런 변화는 이미 우리 일상에서 진행되고 있습니다. SNS를 하더라도 정보의 홍수 속에서 원하는 정보를 찾아내고독서 그 정보를 입력하여 자신의 생각으로 승화시켜서 말과 글로 무수히 내뱉는논술 능력이 요구됩니다. 즉, 모든 것이 읽고 쓰고 말하기와 연결돼 있습니다. 유치원에서부터 대학, 직장 및 사회생활 등 삶의 다방면에서 당연하고도 필수적으로 여겨지는 기초 소양이며 기본 능력인 것이죠.

그런데 우리는 이 기초를 튼튼히 하지 않고 자꾸 다른 것을 더 하려고만 합니다. 예를 들자면, 너무 어려워서 우리말로 해석해도 뜻 모르는 영어단어를 기계적으로 외웁니다. 긴 글이 제시되면 그 의미를 이해하지 못한 채 답 구하기에만 급급해서 지엽적인 문장에만 집중합니다. 문제는 정답을 찾는 시대가 저물고 있다는 것입니다. 지금도 인공지능은 주어진 정보로 기사를 쓰고 인간의 병을 진단하기도 하며 심지어 재판까지 하니 말입니다.

그렇다면 앞으로 도래할 시대에 아이의 미래를 위해 우리는 어떤 안내자가 되어야 할까요? 앞으로는 창작자들의 세상일 것입니다. 프로그래밍화할 수 있는 것은 이미 인간의 영역이 아닐 테니까요. 변화하는 세상에서 살아남기 위해서는 디지털 세상과 소통하는 방법을 알고, 개념적인 지식을 갖고, 창의적이며 비판적인 사고로 융합할 수 있는 역량을 가져야 합니다. 그러한 역량을 가장 잘 표현하는 도구가 글쓰기입니다. 융합 역량이라 함은 실제 생활과 지식, 창의력, 상상력 등의 융합을 말합니다. 글쓰기는 발견하는 학습이며, 생각하는 능력이고, 대상을 깊게 다면적으로 이해하는 과정입니다.

사건과 사물에 대한 개념을 잘 이해하고 공동체의식으로 승화시켜서 사회가 원하는 정서로 자기가 인식하는 것을 표현하는 능력. 앞으로 우리 아이들은 이런 능력을 요구받을 것입니다. 그리고 이것은 글쓰기를 통해 비로소 가능해집니다.

배우고 나서 글로 써보라 하면 1학년이면 1학년답게, 6학년이면 6학년답게 자기 나름의 세계로 표현합니다. 우리가 어른의 잣대로 정형화시키지만 않으면 아이들의 글쓰기 능력은 향상됩니다. 우리가 해야 할 역할은 그저 잘 이끄는 것뿐입니다. 즉, 주제와 관련된 개념을 알려주고, 공동체 안에서 어떻게 그러한 개념들을 잘 녹여야 하며, 어떤 정서로 인간관계에 접근해서 자기의 생각을 잘 버무릴 수 있을지 도와주는 것이 우리 어른들의 역할입니다.

아이의 언어로 솔직하게 : 글쓰기의 재미로 이끄는 법

다시 원점으로 돌아와서, 때문이 아니라 덕분으로 가는 과정은 어른들엄마 아빠, 선생님이 이끌어줘야 합니다. 물론 쉽지 않은 일입니다.

"재미있었니?" 영화를 봤든 운동을 했든, 누군가를 만나거나 어떤 일을 하고 오면 첫 번째로 물어보는 것이 바로 이 질문입니다. 이렇듯 우리 삶의 제1 초점은 '재미'에 있습니다. 제가 수업시간에 가장 신경 쓰고 투자하는 것도 바로 재미입니다. 저는 수업시간과 교실, 학원 곳곳에 재미요소를 숨겨둡니다. 잠시 제 잘난 척을 하자면, 제자들로부터 "선생님 수업시간이 제일 재미있어요!", "맨날 논술학원 오고 싶어요"라는 말을 너무 자주 들어 귀에 딱지가 앉았을 정도인데요. 이 모든 건 아이들에게 재미를 주려는 제 노력의 소산입니다.

재미가 있을 때와 없을 때, 그 결과가 천지차이임을 우리는 잘 압니다. 재미가 있어야 합니다. 드라마나 소설도 첫 화가 재미있으면 나도 모르게 계속 보게 됩니다. 재미를 느껴서이죠. '억지로', '엄마가 시켜서', '숙제여서'가 아니라 재미가 있어서 스스로 하게 만들어야 합니다.

그렇다면 어떻게 재미를 느끼게 할 수 있을까요?

우선 보편적이고 평범한 일상을 밋밋하게 쓰면 재미가 없습니다. 솔직하게 써야 재미있습니다. 사실 저는 어른들보다 아이들을 더 많이 만납니다. 그들과 솔직하게 감정 교류를 하며, 경험한 일을 그들 수준으로 쉽게 설명합니다. 그러면 아이들은 금세 동질감을 느끼고 자신들의 마음 상태나 정보를 가감 없이 써 내려갑니다. 저는 이걸 '작가 놀이'라고 하는데요, 이렇게 분위기만 깔아주면 대다수가 진지하게 잘 씁니다. 그들을 존중해주고, 글쓰기가 잘 안 되는 상태마저 인정해주며 같이 마음 아파해주면 제법 진지한 '작가 놀이'에 쑤욱 빠진답니다. 살짝 건드려주기만 해도 술술 써 내려가는 것을 보면, 뭐라고 해야 할까요, 제가 막 위대해지는 착각도 들곤 합니다.

또한, 자기들의 언어로 써야 재미를 느낄 수 있습니다. 아이들에게는 그들만의 언어 세계가 있습니다. 대회 혹은 독자엄마 아빠나 선생님를 의식하며 글을 쓰는 아이들이 있는데, 단어 하나도 눈치 보며 쓰다 보니 글쓰기가 괴롭고 자신의 언어가 아니다 보니 솔직해지지 못합니다. 아이가 자기 검열을 하는 이런 상황을 방지하려면, 의미가 좀 안 맞거나 말이 되지 않아도 스스로 고치게끔 해야 합니다. 빨간 펜을 그어가며 고쳐줄 것이 아니라, 아이가 쓴 글에 관해 대화를 나눠야 합니다. 몇 번 이야기 나누면 무엇이 이상한지 아이 스스로가 더 잘 인식하기 마련입니다.

저의 첫 번째 책 ≪공부연결 독서법≫에서는 아이들의 관심을 알고 그것을 재미로 연결시켜 책을 읽게 하는 방법을 알려드렸습니다. 이제부터는 그렇게 읽은 책을 어떻게 아웃풋하는지, 어떤 재미있는 주제를 주면 아이들이 신나서 글로 표현하는지, 제 노하우 보따리를 하나하나 풀어볼 것입니다.

아이들이 신나고 재미있게 쓸 수 있도록 우리가 다시 한번 심기일전합시다. 자, 준비되셨죠?

CHAPTER 2

읽기와 쓰기, 말하기를 연결하라

읽고 쓰고 말하기는 세트가 되어야 합니다

이 이야기를 하면 제 연식이 나오는 것 같아 망설여지지만, 설명하려니 딱히 다른 좋은 예화가 떠오르질 않네요. 오래전 제가 창원에 살던 시절, 부산에 갈 때면 늘 들르는 곳이 있었는데 그것은 바로 '맥도널드'였습니다. 부산에서 볼 일을 마치고 나오면 그 근처의 맥도널드를 가는 것이 일종의 루틴이었습니다. 패스트푸드라고 해봤자 핫도그나 호떡, 호빵 정도가 고작이었던 시절, 치즈버거는 마치 하늘이 내려준 듯한 천상의 맛이었습니다. 그런데 말이죠, 그 고소한 치즈버거를 콜라와 함께 먹으면 뭐라고 해야 할지. 제 표현력이 부족하여 당시 느꼈던 감동의 풍미를 형용할 수 없을 정도입니다.

이렇게 옛날 이야기까지 꺼내는 건 세트 메뉴를 이야기하기 위함입니다. 음식은 단품으로도 맛나지만 궁합이 맞는 것들과 함께 먹었을 때 그 시너지를 발합니다. 치킨과 맥주, 오리고기와 부추 등 함께 먹으면 맛이 더욱 좋아지는 음식들이 있듯 공부도 마찬가지입니다.

목 막히는 음식에는 시원한 음료가 제격인 것처럼 아이들이 싫어라 하는 글쓰기에 청량함을 가미해야 합니다. 글쓰기라는 참으로 밋밋하고 재미없는 작업에 신선한 생동감을 더해주는 건 바로 읽고 말하기입니다. 이 세 가지가 햄버거 세트 메뉴처럼 함께해야 제대로 된 맛이 납니다. 세 가지를 연결해주면 아이들은 비로소 논술 공부의 재미를 느낄 수 있습니다.

읽기와 쓰기, 말하기는 연결되어 있습니다

학생들이 책 읽는 모습을 옆에서 가만히 보다 보면 휘리릭 책장을 넘기는 아이를 발견하게 됩니다. 제법 읽는 속도가 빠른 저도 다 못 읽었을 정도인데 순식간에 다음 페이지로 넘어가고 있습니다. 그러면 저는 말합니다. 책을 읽어야지, 책장을 넘기지 말라고요. 수업시간에 소리 내어 책을 읽게 하면 그 학생의 성격과 성적, 현재의 독서 수준이 훤히 보입니다. 생각보다 차분히 잘 읽는 아이가 있는가 하면, 급하게 건

너뛰고 윗줄 아랫줄 섞어서 읽는 경우도 있습니다. 문장의 의미를 생각하지 않고 띄어쓰기를 희한하게 읽어 교실을 웃음바다로 만들기도 합니다. 문맥의 의미를 이해하는 아이들은 의미를 파악하며 읽지만, 그렇지 않고 기계적으로 읽는 경우엔 의미를 알고 읽는다기보다는 그냥 글자를 읽고 있는 상황이라 봐야 할 것입니다.

글쓰기도 그러합니다. 성격 급한 아이들의 글을 보면 글자와 글자 사이가 넓고, 행간을 건너뛴 채 하고 싶은 말을 듬성듬성 쓰곤 합니다. 반면 자신의 생각과 행보를 조곤조곤 잘 쓰는 아이도 있습니다. 말로 물어보면 터프하게 짧은 단답형 대답만 하던 아이가 글은 어찌나 실감나고 재미있게 쓰는지, 사람 자체가 새롭게 보이기도 합니다.

한편, 말하기는 수업시간에 주로 발표라는 형식으로 불립니다. 자신이 아는 지식이나 정보를 잘 표현하고, 나아가 설득하는 것은 중요한 학업 능력 중 하나입니다. 그러나 남들이 알아듣기 알맞은 목소리 크기로, 자신감 있게 밝은 표정으로 발표하기란 여간 어렵지 않습니다. 엄청 흥미로운 주제가 아니라면 자발적으로 발표하는 아이는 드물고 거의 대부분 지목받으면 쭈뼛쭈뼛 일어나 말합니다.

읽기와 쓰기와 말하기는 연결되어 있으며, 이들을 세트로 하여 활동할 때 그 실력이 향상됩니다.

때로는 쓰기보다 말하기를 더 잘하는 경우가 있고, 잘 쓰지만 말하기는 힘들어하는 경우도 있습니다. 저는 듣기를 기본 베이스로 하여

이 세 가지를 기본부터 훈련시킵니다. 쓰기만을 죽어라 시키지 않고 읽기만을 지속적으로 하라고 하지도 않습니다. 말만 계속시키는 것도 아닙니다. 이 세 가지는 항상 같이 진행되어야 합니다.

우선 한 가지 주제를 정하고, 그 주제나 책에 대해 충분히 읽게 합니다. 관련된 기사를 보거나 사례를 알아보는 식입니다. 이렇게 해서 배경지식이 풍부해지면 술술 쓰게 됩니다. 세 줄이 다섯 줄이 되고 열 줄이 스무 줄이 됩니다. 조사하고 알아보고 이야기 나누는 과정에서 어느 순간 '아는 주제', '읽은 책'이 되면 아이들은 거짓말처럼 글을 길게 씁니다.

양이 질로 변화될 수 있으므로 저는 되도록이면 많은 양을 쓰게끔 유도하고 가르칩니다. 아이들은 속 시원히 풀어놓은 글을 친구들 앞에서 정자세로 발표합니다. 신이 나서, 그리고 많이 썼기 때문에 자신감을 가지고 큰 소리로 발표합니다.

읽고 쓰고 말하기를 즐기게 만드는 법

어떻게 하면 효과적으로 말하기 교육을 할까 고민 끝에, 학원에 무대를 만들었습니다. 아이들은 무대에 서서 자신이 쓴 글을 발표합니다. 마이크 앞에 서면 누구든 매우 진지해집니다. 발표하기 직전 자신의 글을 고쳐 쓰기도 하고, 혼자 읽어보기도 합니다. 지난 시간에 결석해서 발표할 글이 없는 학생에게는 친구들의 글과 발표 태도를 평가하라고 합니다. 그러면 마치 오디션 감독마냥 냉정해지는 모습에 웃음도 납니다.

가장 놀라운 것은 아이들이 학원 문을 열고 들어오는 순간부터 "오늘은 지난번에 쓴 글 발표하는 날이죠?"라고 묻는다는 것입니다.

"맞아, 그런데 왜?"

"그냥 발표하는 게 떨리기도 하고 살짝 재미있기도 해서요."

발표 전 기본적인 준수 사항은 미리 이야기해둡니다. 그러나 발음이나 태도에 관해서는 전혀 터치하지 않습니다. 아이들도 TV를 보며 방송에 말 잘하는 사람이 나오면 관찰해서 흉내 내고, 주위에 발표를 잘하는 친구가 있으면 안 보는 척하면서 어떻게 하는지 봐 둡니다. 이처럼 잘하고 싶어서 스스로 익히고 배우므로 일부러 간섭할 필요가 없습니다.

쓰는 게 좋으니 논술이 즐겁고, 말하는 게 좋으니 논술 수업이 재미있고, 읽는 게 좋아서 논술이 기다려진다는 아이들입니다. 그렇습니다. 거듭 강조했듯 읽고 쓰고 말하기는 '세트 메뉴'입니다. 함께 시키니 효과가 더 좋습니다. 하나하나 완벽하지 않은 듯해도, 서로 보완하며 균형을 이룹니다. 더욱 기쁜 사실은 논술 무대에서 발표하던 실력으로 학교에서도 발표를 잘하고 자신감 있게 수업에 임한다는 것입니다. 그렇다 보니 우리 학원생들 중에는 유독 학급 회장과 부회장, 더 나아가 전교회장단도 욕심 내는 아이들이 많습니다. 신학기 때가 되면 무심한 듯 "선생님, 저 부회장 되었어요"라고 말하는 아이들이 한둘 씩 꼭 나타납니다.

"와, 축하한다. 안 떨렸어?"

"네, 안 떨려요. 우리 학원 무대보다 안 떨려요."

그러면 다른 아이가 옆에서 시크하게 한마디 합니다.

"저는 이번에 전교회장 되었어요."

반가운 마음에 "어머나, 너희들 이 기쁜 소식을 왜 이제야 말하니?" 하면 "선생님, 여기는 다 가르쳐 주는 것 같아요"라는 엉뚱한 답이 돌아옵니다. 그럼요, 햄버거도 세트 메뉴로 먹으면 더 맛있는 법이고 공부도 세트로 하면 더욱 재미있고 실력이 늘어나는 법이지요, 암만!

미션!
논술 선생님을
웃겨라

참기름과 라면과 소금

참기름과 라면이 보석가게를 털었습니다.

나중에 참기름이 잡혀갔습니다.

라면이 불었기 때문입니다.

나중에 라면도 잡혀갔습니다.

참기름이 고소했기 때문입니다.

그 모든 것은 소금이 짠 것이었습니다.

뚱딴지같은 이야기, 재미있게 읽으셨나요? 크게 웃은 분도 있을 것이고, 반대로 '이게 대체 어디가 웃겨'라고 생각한 분도 있을 것입니다. 하지만 한 가지는 확실합니다. 자신도 모르게 마음을 어느 정도 열게 되었다는 것! 이처럼 사람마다 취향이 다르고 웃음의 포인트가 다르지만, 유머에는 사람의 마음을 움직여 내 편으로 만드는 힘이 있습니다. 썰렁한 분위기, 어색한 만남, 긴 침묵의 상황을 전환시키는 데는 뭐니뭐니 해도 유머감각이 최고입니다. 아이들의 마음을 얻고, 아이들을 변화시키는 데 있어서도 예외가 아닙니다.

학급마다 인기 있는 두 종류의 무리가 있습니다. 한쪽은 진지하면서 다재다능하고, 게다가 부드럽고 유한 심성을 가지고 있어 누구에게나 친절한 친구들입니다. 또 다른 쪽은 행동이나 말을 재미있게 하는 유머러스한 부류입니다. 반마다 누가 회장, 부회장이 되었나 하고 보면 거의 대부분 이 두 종류의 학생들이 당선되어 있습니다.

수업시간, 유난히 기분이 업된 아이들의 말장난을 간혹 받아주었다가 뜻밖의 수확을 얻을 때가 있습니다. 누군가 읽기와 쓰기에 관해 독특한 아이디어를 냈을 때 "참으로 좋은 생각이군"하며 연신 맞장구를 쳐주면 여기저기서 아이디어가 넘쳐 홍수가 됩니다. 허용하는 분위기로, 글쓰기 주제에 관해 이런저런 이야기를 나누다 보면 아이들은 어김없이 저에게 걸려듭니다. 자기들이 내뱉은 주제라서 또는 그 주제가 정말 멋지다고 생각되니 시키지 않아도 글을 써 내려갑니다. 그것도 웃고 즐기면서 말입니다. 분명히 글쓰기라는 정신 노동을 시켰는데도 선생님의 선물에 감사해하는 마음으로 글쓰기에 임합니다. 아이들 입장에서는 한 번도 해본 적 없는 종류의 미션을 기꺼이 즐겁게 수행 중인 것입니다.

아들아, 너는 다 계획이 있구나

6학년 논술 교과서에는 <왕치와 소새와 개미와>라는 아주 재미있는 동화가 실려 있습니다. 자신의 허점을 드러내기 싫어하는 주인공왕치이 죽을 고비를 겪으며 낭패를 당할 뻔했다가 겨우 살아와서는 마치 다 자신의 계획이었던 양 넉살을 부리는 내용입니다.

아이들은 아무리 재미있는 내용이나 책이라 하더라도 교과서에 실리면 일단 삐딱하게 반응합니다. 고개를 젖히고 엉덩이를 의자 끝에 걸친 채 다리를 주~욱 뻗으며 거만한 방어를 합니다. 이 동화가 우스워서 "재미있지 않아?" 물으면 "절대, 네버, 재미 없어요"라는 반응이 돌아옵니다.

"그럼 너희 열세 살 인생에서 재밌는 게 대체 뭐야?"

저의 물음에 평소 쇼맨십이 강하고 날마다 우스갯소리를 해야 한다는 사명감을 가진 한 학생이 자신의 경험담을 맛깔스럽게, 마치 영웅담처럼 들려줍니다. 반 친구들의 개그 코드와 딱딱 맞아떨어지니 곳곳이 웃음 포인트입니다. 교실 안은 마치 <코미디 빅리그> 녹화 현장을 방불케 합니다.

이런 상황이 되면 저는 웃음이 나오는 것을 억지로 참으며 말하곤 합니다.

"좋다! 그러면 미션은 정해졌다. 너희들이 알다시피 나는 원래 잘 웃는다. 그러나 오늘은 내가 웃음을 참을 것이다. 자신이 겪었거나 보았거나 들었던 일들 중에서 가장 재미있었던 일을 친구들에게 소개하는 글로 정리해봐라. 그중에서 베스트를 뽑아 친구들 앞에서 발표할 수 있는 영광을 주겠다."

오늘의 코너 이름은 바로 '논술 선생님을 웃겨라'입니다. 그런데 말입니다. 웃긴 이야기와 재미있었던 이야기를 쓰는데 아이들의 표정을 보면 거의 스릴러 소설을 쓰는 듯합니다. 분위기가 얼마나 진지한지요. 의욕이 앞서는 아이들은 자신의 경험에 좀 더 이야기를 가미해도 되냐고 묻습니다. 경험에 창작이 더해지는 그 순간만큼은 작품 활동 중인 소설가나 다름없습니다.

내 안에 숨겨진 유머 감각을 찾다 보면 자신도 모르게 긍정적으로 생각하게 됩니다. 자기만의 색깔로 재치를 더하다 보면 고정관념을 뛰어넘게 되고, 그 결과 글에서도 에너지가 팍팍 느껴집니다. 재미있는 글은 신선한 공기처럼 보이지 않아도 분위기를 환기해줍니다.

아이와의 대화가 꽉 막혀 뭔가 풀리지 않는 느낌일 때는 유머를 배우세요. 또 아이의 사기도 올리고 성적도 올리고 나아가 학교에서 친구들을 사로잡아 교우관계도 원만한 아이로 키우고 싶다면, 아이에게 유머감각을 가르치라고 권하고 싶습니다.

유머가 있다는 건 마음에 여유가 있다는 말과 같습니다. 재미있는 행동이든 언어 유희든, 유머는 어떤 상황을 한 발 앞서서 생각하게 만듭니다. 한 단계 더 생각해서 들으면 '아하!'하게 만드는 고도의 사고思考기술이기도 합니다.

'논술 선생님을 웃겨라'의 미션 결과는 어떻게 되었을까요? 난리도 아닙니다. 그다음 교실에 가면 이미 소문이 나 있습니다.

"선생님, 저희들이요 웃긴 이야기가 많거든요. 일단 들어보세요."

"제자님들! 말보다는 일단 종이에 적어주세요!"

이렇게 하면 너 나 할 것 없이 진지한 표정이 되어 서걱서걱 글 쓰는 소리가 교실에 가득 차고, 얼마 후엔 모두들 집 나간 배꼽을 찾는 데 한참이 걸렸다는 후문입니다.

실전! 연결 글쓰기
WORKSHEET

자신이 겪었거나 봤거나 들었던 일들 중에서 가장 재미있었던 일을 친구들에게 소개하는 글로 정리해보세요. 이야기를 지어내도 됩니다.

________ 초등학교 ____ 학년 _____ 반 ______________

아이들에게도 분위기가 중요합니다

"선생님, 여기 분위기 너무 좋아요", "아, 너무 멋져요. 내가 시인이 된 것 같아요", "하늘이 이렇게 예쁜 줄 몰랐어요. 하늘 진짜 예뻐요". 제 수업시간을 가득 채우는 감탄의 말들입니다.

수업 분위기가 아주 좋을 때면 저는 농담 삼아 아이들에게 재미있는 선물을 주곤 합니다. 백화점 에스컬레이터 탑승권, 백화점 엘리베이터 이용권, 맑은 하늘 시청권, 네이버 검색권 등입니다. 아, 요즘은 슬프게도 '마스크 착용권'도 생겼네요. 뻔하고 당연히 누릴 수 있는 것을 선물로 준다고 하면 맨 처음에는 "우~~" 하며 비아냥거리던 아이들도 며칠이 지나면 "주말에 엄마 아빠랑 백화점 가서 그 이용권 잘 썼어요!"라며 너스레를 떱니다. "어제는 포항 바닷가에 갔는데 하늘이 예뻐서 논술 선생님이 주신 '맑은 하늘 시청권' 쓰고 왔어요"라는 아이도 있습니다. 이렇게 복도에서 오가다 만나면 농담을 주고받습니다.

어느 봄날의 시인 놀이

오전 교과 수업 중에는 학생 수가 많아서 엄두도 못 내다가 방과 후 수업을 하면서 나도 모르게 '맑은 하늘 시청권'을 남발한 적이 있습니다. 마침 어느 햇빛 좋은 봄날이었습니다. 아이들이 입을 모아 교정 한편에 자리 잡은 벚꽃나무를 보러 가자고 하는 것이 아니겠습니까. 맑은 하늘 시청권을 쓸 절호의 기회라며 강력히 요구하기에 못 이기는 척하고 몇 가지 안전 수칙과 당부 사항을 알려준 뒤 야외 수업을 하기로 했습니다. "밖에서 어떤 글쓰기를 하고 싶어?"라고 물으니 "시인 놀이요!"라고 답합니다. 이유인즉 시를 쓰기 딱 좋은 날이라면서요.

운동장으로 나가면 흥분해서 천방지축 날뛸 줄 알았는데 자신들이 내뱉은 말이 있기에 종이를 받아 들고 곳곳에 명당자리를 골라 자리를 잡습니다. 3학년 남학생은 미끄럼틀 위에 평안한 표정으로 대大자로 누워 한참 햇볕을 쬡니다. 6학년 여학생 몇몇은 벚꽃 아래 떨어진 잎들을 보며 뭐가 그리 좋은지 까르르 웃습니다. 그러면서 연신 저를 부르더니 얼굴 보정 어플을 켜고 함께 사진을 찍자고 합니다. 어떤 남학생은 정자 위에 걸터앉아 다리를 동동거리며 "선생님, 이러다가 갑자기 비가 와도 좋을 것 같아요"라고 합니다. 어떤 아이는 양말을 벗어던지고 지압 자갈길을 왔다 갔다 반복하며 간지럽고 따갑다고 오만상을 찌푸리고, 제게도 함께 걷자고 권합니다. 그렇게 각자의 취향대로 십여 분을 놀더니 한 명 두 명 제 눈치를 보며 슬며시 다가와서 종이를 들고 갑니다. "선생님, 이제 시가 막 떠올라요. 시인 놀이를 시작하겠습니다"라면서.

독서와 발표보다 더 에너지와 힘이 들어가는 교육이 바로 글쓰기입니다. 머릿속에 있는 것을 끄집어내는 것만으로는 모자랍니다. 자발적인 환경에서 즐겁게 글을 써야 글의 재미도, 완성도도 높아집니다. 시인 놀이, 작가 놀이를 하는 이유는 바로 그런 까닭입니다. 그해 봄날, 갇힌 교실이 아닌 야외의 낭만적이고도 자유로운 장소에서 자연을 보고 즐기던 아이들에겐 시상이 절로 떠올랐을 것입니다. 그런 글쓰기를 체험하고 나면 아이들에게 글은 이전과는 사뭇 다른 느낌의 것이 됩니다.

이 여세를 몰아 7~8년 전부터는 전국 규모의 창작동시 대회에 우리 학교 전교생의 동시를 모두 응모하고 있습니다. 단체상은 그렇다치고학교 도서관 앞으로 500만 원 상당의 도서를 부상으로 받습니다, 개인상 또한 정말 많은 학생이 수상했습니다. 주관 단체에서조차 놀라워할 정도입니다. 해마다 여름 방학이 되기 전, 교실 창문에서 바라보는 산의 풍경이 연두색에서 초록빛으로 변할 무렵이면 전 아이들에게 이런 미션을 내줍니다.

"창을 통해 보는 바깥 풍경이 마치 멋진 사진 액자 같다. 여름이 되면 푸른 초록으로, 가을이 되면 알록달록 물들여진 산을 보면 각자 어떤 느낌이 드니? 그리고 겨울이면 앙상한 가지만이 남지만, 봄이 되면 그 나무들이 얼마나 아름다움을 뽐낼까 상상해보자." 이렇게 이야기를 나누면 우리 아이들은 이미 시인이 되어 있습니다.

시를 읽는 것도 쓰는 것도 즐기지 않는 어른들과 달리, 사실 아이들은 동시 쓰기를 참 재미있어합니다. 우선 분량이 적어도 된다는 걸 마음에 들어하고, 두 번째는 자신의 마음을 솔직하게 써 내려가는 데 많은 매력을 느낍니다.

필요한 것은 아이들이 즐길 멍석을 깔아주는 것! 아이를 시인 놀이에 초대해보십시오. 흔쾌히 그 초청에 응할 것입니다. 지루한 공부하듯 책상 앞에 앉아 쓰라고 강요하지 말고, 진짜 시인이 된 듯 시상을 떠올릴 만한 분위기 있는 장소에도 데려가보고 작가 선생님 대접도 해주세요.

감성적인 글은 감성적인 분위기에서 나오고, 솔직한 글은 부담 없는 분위기에서 나오며, 창의력 넘치는 글은 자유분방한 분위기에서 나오는 법입니다. 그렇습니다. 아이들도 분위기를 압니다.

분위기가 조성되면 자발성이 달라집니다

학원을 연지 벌써 햇수로 4년차입니다. 가르치는 일만 해온지라 경영의 '경'자도 모르는 저는 학원의 기본 마인드를 무엇으로 할지에 많은 공을 들였습니다. 온갖 좋은 미사여구나 멋진 말들이 많이 있었지만 결론은 '즐겁게 배우는 논술'로 했습니다. 즐기는 자를 이길 수는 없다고 봅니다. 끝나려면 얼마나 남았는지 선생님 눈치 보며 가자미 눈으로 교실 벽에 붙어 있는 시계를 흘겨보지 않는 수업, 몰래 하품하며 점심 급식이 무엇인지 유추하는 수업이 아니라 시간이 너무 빨리 흘러 아쉬운 수업, 옆 친구와 떠들 틈 없는 즐거운 수업, 그러다 자신도 모르는 새 논술에 빠져드는 학원으로 만들고 싶었습니다. 그것이 여태껏 제가 가장 우선으로 생각해온 목표였기 때문입니다.

그래서 우리 학원의 한쪽에는 해먹이 있고, 교실 한편엔 텐트가 있으며, 캠핑 의자가 곳곳에 놓여 있습니다. 아이들의 반응은 어떨까요? 하나뿐인 해먹에 누워 책을 읽고 싶어서 누구보다 먼저 학원에 오고, 텐트 안에서 책을 읽으려고 하교 후 빛의 속도로 달려옵니다.

아이들은 분위기에 매우 약합니다. 무엇을 어떻게 쓸 것이냐뿐 아니라, 어디에서 쓰느냐도 아이들에게는 매우 중요합니다. 집집마다 있는 똑같은 책상이 아닌 새로운 느낌의 장소, 독특한 영감을 주는 분위기를 조성해주세요. 이는 앞서 논술의 법칙에서 말했던 하이믹스이 경우엔 장소와 쓰기의 융합이기도 합니다.

분위기를 신선하게 바꾸는 건 그리 어렵지 않습니다. 일주일에 한 번씩 오는 학원이지만, 의자나 소품의 위치 하나만 바꿔도 아이들은 새로워하고 관심을 가집니다. 그래서 저는 학원 곳곳의 소품과 가구 배치를 수시로 바꿉니다. 사실 저는 집의 가구를 수시로 옮기는 편인데 학원을 열고 나서는 그 에너지를 학원으로 옮겼다는 후문입니다.

코로나 19로 두 달 넘게 휴원을 했습니다. 다시 개원을 준비하는 과정에서 수업을 하지 않는 교실텐트가 있는 교실과 수업하는 교실을 합쳐서 하나의 커다란 교실로 확장했습니다. 코로나 때문에 사회적 거리도 두어야 하고 또 환기도 자주 해줘야 하는데, 두 교실을 트고 나니 이전엔 쓰지 않던 창문을 열 수 있게 되어 일석이조였습니다. 두세 달을 쉬고 학원에 온 친구들은 하나 같이 교실 구경하기에 여념이 없었습니다. 달라진 환경이 아이들 마음에 드는 것 같아 참으로 다행이었습니다.

참, 한 가지 빠뜨린 이야기가 있네요. 저는 노랫말이 없는 잔잔한 음악을 학원 전체에 항상 틀어놓습니다. 차분한 음악에 이끌리듯 아이들은 원하는 책을 한 권씩 들고 해먹 위에, 텐트 안에, 캠핑 의자나 넓은 소파에, 창가 카펫 위에 앉거나 드러누워 책을 읽습니다. 가끔은 아이들에게 음악을 직접 고르라고도 합니다. 자신이 고른 음악이 온 공간에 울려 퍼지면 마치 DJ가 된 기분인 듯 우쭐해하며 비장한 눈빛으로 책을 들고 발걸음을 옮깁니다. 이처럼 아이들은 분위기에 예민하고, 변화에 매우 민감합니다. 모든 일에 무던해진 어른들과 달리 후각과 청각, 촉각 등 모든 감각이 더욱 생생한 나이입니다. 오감과 즉각 연결되는 아이들의 정서를 잘 활용하면 글쓰기 체험을 완전히 새로운 차원으로 끌어올릴 수 있습니다.

벚꽃 아래에서 시인이 되고, 단풍잎 아래에서 수필가가 되며, 텐트 속 나만의 공간에서 책의 세계에 빠지고, 해먹 위에 누워 상상의 모험을 떠나는 아이들. 때로는 창가 카펫 위에 엎드린 채 위인전을 읽다가 벌떡 일어나 심각하게 자신의 롤 모델을 생각하기도 합니다. 오늘은 또 어떤 분위기에서 아이들과 함께 시를 적으면 좋을지, 한번 고민해 보는 건 어떨까요?

실전! 연결 글쓰기 WORKSHEET

어딘가에 갔었거나 어떤 일을 경험했던 기억, 무언가 보고 무언가 먹고 어떻게 놀았던 기억 등 머릿속 기억을 동시로 멋지게 표현해보세요. 여러분은 시인입니다.

________ 초등학교 ____ 학년 _____반 ______________

독서와 글쓰기, 숙제가 아닌 공감의 매개체로 접근하세요

어린아이들이 무슨 고민이 있겠냐 싶지만은, 글을 읽어보면 실은 그들도 고민 한두 가지쯤 가지고 있는 것을 봅니다. 울트라 초긍정 마인드를 가진 소수를 제외하면, 이런저런 고민과 걱정을 갖고 있는 아이들이 의외로 많습니다. 아이들도 스트레스를 받으며 살아가고 있는 것입니다.

어른들에게도 스트레스 푸는 방법이 있듯, 아이들도 마찬가지입니다. 그런데 그 방법이 어른들과는 조금 다릅니다. 남자아이들은 게임이나 달리기를 하거나 축구, 농구 등 스포츠를 통해 푸는 경우가 많으며 여자아이들은 인형이랑 자거나 SNS로 친구와 수다를 떠는 식으로 스트레스 해소를 한다고 합니다. 그래도 다행인 것은 스트레스를 발산할 방법을 알고 있다는 것이죠.

두꺼운 책을 읽게 하는 요령

4, 5학년쯤 되면 제시되는 책의 두께가 달라지기 시작합니다. 짧은 단편 동화라면 몰라도, 일단 얇지 않고 학습만화도 아닌 책을 읽게 하는 데는 많은 노력과 지속적인 꼬드김이 필요합니다.

저는 사실 이 시기, 이러한 작업이 교사와 부모의 중요한 역할이라 생각합니다. ≪공부연결 독서법≫에서도 계속 강조했듯, 반드시 읽어야 할 책들이라면서 권장도서니 추천도서니 목록을 프린트해서 무조건 들이밀어서는 안 됩니다. 읽고 싶은 책이 아니라 읽어야 하는 책으로 느껴지면 대다수 아이들은 이를 또 하나의 의미 없는 숙제로 여길 뿐, 그러한 책들에 흥미를 느끼지 못합니다. 물론 책을 지극히 좋아하는 아이들이야 고급 정보에 좋아라고 달려들겠지만 그런 아이가 얼마나 될까요. 내 자녀가 그러한 자발적 독서가인지 가슴에 손을 얹고 생각해봅시다.

나아가 그런 책을 읽고 글을 쓰게 하려면 고난도의 전략이 필요합니다. 앞서도 말했지만 아이들은 이 세상에서 독후감상문을 제일 싫어하고 또 어떻게 써야 할지 막막해합니다. 가르치는 이도 "일단 한번 써보자"는 식이 대부분이지, 솔직히 별다른 방법을 제시하지 못하는 경우가 많습니다.

제 전략은 비하인드 스토리를 알려주는 것입니다. 책에 대한 상세한 배경 이야기작가의 개인사, 책이 출판되기까지의 과정 등를 해주며, 그 속에서 아이들과의 연결고리를 찾습니다. 주인공 이름 한 자라도 공통점을 찾고, 심지어는 저의 사적인 사정을 동원해서라도 연결고리를 만듭니다. 일단 어떠한 종류든 자기 자신과의 관련성을 찾으면 아이들은 흥미를 느낍니다. 그러면 그 책을 읽게 하고, 그 속에서 메시지를 뽑아 글을 쓰게 합니다. 이 같은 과정은 지난하지만, 결과는 창대합니다. 선생님의 생쇼 끝에 마음이 동하여 책을 읽고 써온 글은 감동 그 자체이기 때문입니다. 저마다 각오, 생활 속에서의 다짐 혹은 생각들을 글 속에 꾹꾹 눌러 담아 옵니다.

아이들의 마음을 여는 <나의 라임 오렌지나무> 이야기

그러면 다시 본론으로 돌아와서 책이 점점 두껍고 무게감 있어지는 고학년 시기, 아이와 책으로 소통하는 요령에 관해 생각해봅시다. 어릴 때는 시도 때도 없이 "엄마, 엄마!"를 외쳐대더니 어느 순간 방문을 닫고, 뭘 묻든 세상에 답은 두 개밖에 없다는 듯 "아니요, 몰라요", "네, 몰라요"만 반복하는 아이들. 그렇게 시크하게 방으로 들어가서는 언제 그랬냐는 듯 친구와는 하하호호를 연발하며 대화합니다. 심지어 잠들기 직전까지 스마트폰으로 통화를 합니다.

책을 읽고 있는 독자 중에는 "우리 아이는 아직 어려서 엄마밖에 몰라요"라는 분도 계시겠지만, 단언컨대 반드시 곧 그날이 올 것입니다. 엄마는 최선을 다했지만 아이들 마음에는 불만이 쌓여있고, 힘들고 슬픈 그 감정마저 공유하지 못할 만큼 어느새 쑥 자라 있습니다. 이 시기에는 정서와 관련된 책들이 아이들과 감정을 공유하는 매개체가 됩니다. 특히 5학년 시기에는 ≪나의 라임 오렌지나무≫가 그런 역할을 하기에 참으로 적절한 책인 것 같습니다. 처음부터 책을 읽게끔 하는 것이 아니라, 줄거리와 작가 소개도 하고 영화의 클라이맥스도 보여줌으로써 책에 대한 호기심을 가지도록 하는 것이 우선입니다.

태어난 순서에 따라 번호가 매겨지는 다둥이 집, 먹고살기 바쁜 부모에게는 그저 '5호'에 불과한 제제가 작품의 주인공입니다. 대가족 속에서 관심 밖에 놓인 제제의 사정을 이야기하면 우리 아이들은 좀처럼 이해하지 못합니다. 엄마가 학원까지 데려다주고, 수업을 마친 후 기계적으로 엄마에게 전화하면 건물 밖에서 바로 픽업해 그다음 학원으로 가는 삶을 살고 있으니까요.

그럼에도 불구하고 제제의 이야기를 들려주면 아이들은 어느새 제제가 되어 울고, 제제가 되어 장난치고, 제제가 되어 자신의 마음을 터놓습니다. 그러다 뽀르뚜가 아저씨의 죽음 앞에서 꺼이꺼이 함께 오열합니다. 자신과 상황은 많이 다르지만 외로움, 슬픔, 애정에 대한 갈망 등 본질적으로는 같은 감정을 가진 제제에게 어느 순간 몰입하게 되기 때문이죠.

관심받지도 사랑받지도 못한 채 방치되듯 자라는 제제는 크리스마스 선물을 주지 않는 아빠를 미워도 했다가, 뜻 모르는 19금 노래를 불러 아빠한테 두들겨 맞기도 하는 등이 부분이 요즘의 잣대로 하면 거의 아동학대 수준이어서 한동안은 읽어서는 안 되는 작품으로 분류되기도 했습니다. 그러나 이 작품은 브라질 작가인 바스콘셀로스의 자전적 소설로 브라질 다음으로 우리나라에서 인기가 많은 책입니다. 대가족 사이에서 동네북처럼 수난을 겪습니다. 그런 제제가 이사간 집에서 '밍기뉴'라는 나무와 감정을 나누고, 이웃의 뽀르뚜가 아저씨로부터 무한한 사랑과 신뢰, 너그러움을 배우며 아저씨와 진실한 친구가 됩니다.

우리 아이들도 그렇습니다 겉으로는 시크해 보이는 사춘기 아이들에게도 '마음을 터놓을 존재', '진심으로 의지할 존재'에 대한 갈구가 있습니다. 겉으로는 씩씩해 보였지만 사실은 외로웠던 제제에게 아이들은 자신의 모습을 투영합니다.

그러나 행복한 시간도 잠시, 자신을 진심으로 사랑해주던 아저씨를 기차 사고로 잃은 뒤 그 충격으로 제제는 얼마나 앓았는지 모릅니다. 비로소 가족들은 제제에게 관심을 가지고 지극정성으로 치료해줍니다. 그렇게 사랑하는 사람과의 이별을 통해 제제는 몸과 마음이 자랍니다. 다음은 작품 속 한 대목입니다.

그 시절, 우리들의 그 시절엔 저는 몰랐습니다.
먼 옛날 한 바보 왕자가 눈물을 글썽이며 제단 앞에 엎드린 채
환상의 세계에 이렇게 물었다는 것을 말입니다.
'왜 아이들은 철이 들어야만 하나요?'

책의 줄거리를 들려주고, 영화화된 장면도 보여주며, 작품 속 좋은 대목을 읽어주면 감수성이 예민한 아이는 이미 눈물이 글썽글썽합니다. 자석에 이끌리듯 도서관으로 가거나 집의 책장 구석에 엄마가 읽으라고 사둔 책을 이전과는 다른 눈빛으로 집어 듭니다.

아이가 그렇게 책을 읽었다면, 이제 제가 할 일은 마음으로 연결하고 글로 표현할 수 있도록 도와주는 것입니다. 이때 무리해서 재미없는 교훈의 주제로 글을 쓰게 하면 말짱 도루묵이 됩니다. 제제에게 뽀르뚜가 아저씨와 밍기뉴 나무는 자신의 말을 들어주고 위로해주는, 한마디로 삶의 안식처와 같은 존재들입니다. 우리 친구들에게도 각자

그런 존재가 있을 테니 글 제목은 '나의 라임 오렌지나무'로 하고 각자의 라임 오렌지나무를 찾아보라고 합니다. 그러면 종이를 받아 든 아이들은 무엇인가에 홀린 듯 각자의 라임 오렌지나무를 써 내려갑니다.

재미있는 이야기를 하나 해드릴까요? 아이들이 꼽은 라임 오렌지나무로는 인형도 있고, 침대도 있고, 이불도 있고, 친구도 있고, 할머니도 있고, 야구도 축구도 있었습니다. 그런데 가장 많이 나온 대답은 바로 '엄마'였습니다. 바빠서 잘 챙겨주지도 못하고 제대로 놀아주지도 못하는 것 같은데 엄마가 가장 많았습니다. 혹여 내 아이의 라임 오렌지나무가 엄마가 아니라 해서 대놓고 슬퍼하거나 노여워해서는 안 됩니다. 그러면 그 이후로는 절대 진실을 말하거나 솔직한 글을 쓰지 않을 것입니다. 내가 아닌 것은 조금 섭섭하더라도, 내 아이에게 라임 오렌지나무가 있다는 사실 자체를 다행이라고 생각해주세요. 고학년이 되어도 아이는 아이입니다. 아이가 멀어지는 것을 서운하게 생각하기보다, 아이에게 정서적 유대감을 줄 더 나은 방법을 고민하는 것이 어떨까요. 시기와 상황에 맞는 책을 공감의 매개체로 활용하여 글쓰기와 연결하면 커가는 아이와 더욱 행복한 관계를 만들 수 있을 것입니다.

실전!
연결 글쓰기
WORKSHEET

제제에게는 밍기뉴 나무와 뽀르뚜가 아저씨가 마음을 여는 유일한 친구입니다. 여러분에게는 무엇이 라임 오렌지나무입니까? 자신만의 라임 오렌지나무를 써보세요..

________ 초등학교 ____ 학년 _____반 ______________

CHAPTER 3

어휘와 재미를 연결하라

게임보다 신나는 독서 논술의 시작, 재미 주기 노하우

내 아이가 어디서든 사랑받는 존재이길 바라는 것이 우리 엄마들의 마음입니다. 혹여 그렇지 못할까 항상 노심초사하며, 학교에서 학원에서 눈치껏 해야 할 일을 잘하는 지도 늘 걱정이죠. 그래서 어느 날 "담임입니다"라는 전화가 걸려오기라도 하면 엄마의 심장은 지하 100미터까지 쿵, 하고 떨어집니다. 실제로 저도 딸아이가 4학년 무렵 자신의 별명을 놀리듯 부르는 친구에게 물리력을 가해 담임 선생님으로부터 그런 전화를 받은 적이 있습니다. 지금 돌이켜봐도 아찔하네요. 집에서야 기분 내키는 대로 솔직하게 이야기해도 좋지만, 단체 생활에서 자신의 감정을 그대로 드러내다 보면 자칫 오해를 살 수 있고 뜻하지 않게 싸움으로 번지기도 합니다.

그러나 그리 걱정할 일은 아닙니다. 생각보다 아이들은 눈치가 빤하여서 교실 분위기도 잘 익히고 친구들끼리 마음 상하게 하는 말이 무엇인지도 잘 알거든요. 수업 중 이야기를 나누며 "이런 상황인데 너희라면 어떻게 하겠니?"하고 물으면 "친구의 마음을 헤아리고, 너무 솔직하게 표현하지 않으면서 위로해줄래요"라는 대답을 종종 듣습니다. 실제로 제가 학교에서 수업을 할 때 보면, 위로가 필요한 친구가 있으면 쉬는 시간 다가가서 말을 걸고, 누군가 어떤 일을 잘 해내면 추켜세워주기도 합니다. 그런 모습을 볼 때면 경쟁심리로 인해 솔직하게 타인을 칭찬하지 못하는 우리 어른들보다 훨씬 훌륭한 인성을 가졌다고 생각하곤 합니다.

이처럼 아이들도 타인의 기분을 배려합니다. 가끔 아이들에게 "너희가 다니는 수업 중에 재미있는 수업 베스트를 꼽아보자"라고 하면 눈치가 9단인 아이들은 "선생님, 당연히 '황경희 논술'이 1위예요"라고 말합니다. 제가 안 믿기는 듯 일부러 다시 물어보면 정말이라며 여러 가지 이유를 댑니다. 그중에서도 제일 저를 기분 좋게 하는 이유는 이렇습니다.

"일단 재미가 있어요. 우리가 알아들을 수 있도록 단어 설명을 너무 잘해주시잖아요."

맞습니다. 저는 아이들 눈높이에서 단어를 설명해줍니다. 아이들이 이해하기 쉬운 예를 들거나 그들만의 감성적인 언어로 단어의 뜻을 풀어줍니다. 저는 책 읽는 중간에라도 언제든지 모르는 내용은 물어보라고 강조합니다. 그러다 보니 아이들이 수시로 단어의 뜻을 묻는데, 미처 예상하지 못한 단어를 알고 있기도 하고 '이걸 왜 모르지?' 싶은 뜻밖의 단어에 관해 질문하기도 합니다.

아이의 어휘력을 눈덩이처럼 커지게 굴리는 방법

단어나 어휘력을 기르기 위한 시간을 따로 가지면 그 자체가 마치 공부처럼 느껴져 저항을 부를 수 있습니다. 그래서 저는 수업 중간중간 어휘력 향상 시간을 갖습니다.

첫 번째 방법은 스피드 게임입니다. 수업시간에 배울 주제에 관련된 단어를 설명하고, 잠시 외울 시간을 준 후에 스피드 게임을 합니다. 제가 설명하면 아이들이 그걸 듣고 무슨 단어인지 맞추거나, 또는 단어 카드를 만들어서 한 명씩 앞으로 나와 설명하고 맞추는 식입니다. 시간 제한을 두고, 얼마나 짧은 시간에 맞췄느냐에 따라 스티커정적 보상를 주기도 합니다.

두 번째는 초성 게임입니다. 자음만 알려주고, 그 초성으로 시작하는 단어를 찾는 게임입니다. 이 게임을 하다 보면 제시된 초성에 맞는 단어를 100개 가까이 찾는 기적 같은 일도 일어납니다. 그렇게 찾은 단어를 설명하면, 신기하게도 우리 아이들은 그 배운 단어를 자신들의 글 속에 활용하는 것으로 보답합니다. 당연히 그 글은 살아 움직이는 그런 글이 되겠습니다. 의욕이 과다해지면 집에 가서 찾아오기도 하고, 더 성질 급한 녀석들은 늦은 시간에도 아랑곳 않고 뜬금없이 문자를 보내기도 합니다. 이렇듯 초성 게임은 자꾸만 하고 싶어지는 놀이 같은 공부입니다.

이 단계가 제법 익숙해지고 나면 문장 속 초성 단어 찾기로 넘어갑니다. 탐구 문제를 풀 때, 답을 찾는 과정에서 꼭 필요하고 들어가야 하는 키워드들이 있습니다. 이를 이용해 문장을 만들면서 초성으로 힌트를 주면 0.1초 만에 찾기도 합니다. 예를 들면 이런 식입니다.

동물실험의 좋은 점은 인간에게 바로 실험하지 않기 때문에

[ㅇ][ㅈ][ㅅ]을 얻을 수 있는 것이다.

우리 친구들은 '안전성'이라는 단어를 유추해냅니다. 이런 게임을 통해 수업시간 내내 집중력을 유지할 수 있고, 단어를 유추하는 과정에서 배운 내용과 관련이 있는 키워드를 익힐 수 있어 학습에 상당한

도움이 됩니다.

세 번째는 초성으로 속담이나 관용구 찾기입니다. 풍부한 예시를 사용하거나 보다 설득력 있는 글을 쓰기 위해서는 단어뿐 아니라 다양한 관용구와 속담을 익혀야 합니다. 이것 역시 초성을 나열한 후, 그 속담의 뜻을 설명하고 속담 완성하기를 합니다. 옛날 옛적에 만들어진 속담은 요즘 아이들이 이해하기 어려운 경우가 많습니다. 그러한 속담이 나온 배경에 관하여 설명해주면 글 속에서 속담을 잘 활용하는 꿀팁이 되기도 합니다. 더 나아가 배운 내용과 비슷한 상황이 도래하면 아주 폼을 잡고 근엄하게 속담을 이용해 저에게 응수하는데 그 거드름이 싫지만은 않습니다.

다음 나열된 초성을 보고 여러분도 한 번 맞추어 보십시오. 정답은 이 챕터의 마지막에 공개하겠습니다.

ㅈ ㄱㅁㅇㄷ ㅂ ㄷ ㄴㅇ ㅇㄷ

네 번째로 개사 놀이를 합니다. 예를 들어 대기오염이란 주제를 배우고 나면 그에 관련된 글을 쓰게 되는데, 이때 익숙한 형식이 아니라 노래에 새로운 가사를 붙이는 식으로 쓰는 것입니다. 기존에 있는 유명한 노래로 한 곡을 지정하고, '대기오염을 줄이자'는 주제로 노래 가사를 바꿔 써봅니다. 지정곡의 음운에 내용을 입히는 개사가 끝나면 다 같이 불러봅니다. 그러면 마치 캠페인송 같지요. 함께 부르면서 소속감도 생깁니다. 잘 썼거나, 먼저 쓴 학생들의 작품을 칠판에 적거나 파워포인트로 띄워 다 같이 부르면 그 감동이 두 배가 됩니다. 여기에 더하여, 자신의 작품이 노래로 바뀔 때 아이들은 성취감을 느낀다고도 합니다.

하루는 흑인들이 받았던 인종 차별에 관한 수업을 하며 여러 가지 역사적인 사건들을 함께 공부하고, 학교의 교가에 맞추어 개사 후 수업시간에 함께 제창했습니다. 소속감을 더해주는 교가에 맞춰 인종 차별을 금지하자는 내용의 캠페인송이 만들어졌는데, 반마다 개성 있는 명곡이 탄생했답니다.

마지막으로는 비슷한 단어를 찾거나 반대말을 찾아 글이나 생활 속에 적용하거나 일기에 사용하도록 합니다. 아이들이 예상치 못한 수준 높은 단어를 구사했을 때에는 더욱더 많이 칭찬해줍니다. 그러면 같은 뜻이라도 좀 더 세련되고 적절한 단어를 고르는 능력이 생깁니다. 이런 과정을 거치면 메시지가 명확해지고, 표현이 입체적이며 싱싱하고 파릇파릇한 생명력 있는 글이 됩니다.

어휘는 머릿속에만 저장할 것이 아니라 자꾸 입으로 되새기고 활용할 수 있도록 해야 합니다. 이를 위해 부모 또는 교사가 끊임없이 마중

물펌프에서 물이 잘 나오지 않을 때 물을 끌어올리기 위해 위에서 붓는 물 역할을 해줘야 합니다. '어휘'라는 물 한 바가지를 부어줬을 뿐인데, 아이의 글과 말에서 '어휘력'이라는 물줄기가 콸콸 뿜어져 나오면 얼마나 마음 시원하고 뿌듯한지 모릅니다.

참, 잊지 않으셨죠? 앞선 초성 속담 게임의 정답은 '쥐 구멍에도 볕 들 날이 있다'입니다.

공부 시키지 마세요, 가지고 놀게 하세요

우리는 많은 말을 하고 삽니다. 학생 시절에는 논리 정연하게 알맞은 목소리로 말하는 것이 중요하므로 물론 말하기는 일생에 거쳐 무척 중요한 능력입니다. 그래서 저는 더욱더 말하기 교육의 지분을 넓히고 있습니다. 말에 관한 훈련을 많이 시킵니다. 어휘력을 키우고 대상을 정확하고 재치 있게 설명하는 능력을 키우도록 앞 장에서 설명한 팀별 스피드 게임을 수업 중에 자주 합니다. 아이들이 지금껏 무엇을 보고 어떤 것을 경험했으며 요즘 어떤 생각을 하는지가 스피드 게임 설명 속에 가감 없이 드러납니다.

스피드 게임 2학년 버전을 잠시 감상해보시죠.

"이것은 김 위에다가 밥을 올리고 각종 야채를 넣어 돌돌 말은 음식입니다."

"김밥!"

"통과 다음!"

"나를 낳아주신 분이며 우리를 가장 사랑하는 사람입니다."

"엄마, 엄마!"

"딩~동 댕~동."

자, 그럼 똑같은 단어를 6학년들은 어떻게 설명하는지 보시죠. 스피드 게임 6학년 버전입니다.

"김하고 밥."

"김밥!"

"아빠 말고 잔소리 대마왕."

"당근, 엄마."

상상치도 못한 재미있는 설명에 교실이 웃음바다로 가득 차고 엉뚱하고 2% 부족한 설명으로 문제를 내는 자나 맞히는 자 모두 예민해지기도 합니다. 평소 알고 쓰는 단어이지만 친구들에게 설명하기란 여간 어렵지 않습니다. 설명을 제대로 못하는 친구가 있으면 핀잔을 주면서 자신은 잘할 것 같은 자신감을 보이지만, 막상 자기 차례가 오면 생각 같지 않습니다. 머릿속에서 맴도는 말이 쉽게 나오지 않죠. 게다가 시간을 재고 있는 상황에서는 말과 혀 그리고 마음이 따로 놉니다.

가령 '바나나'라는 단어를 마주하면 '노랗고 긴 원숭이가 좋아하는 과일'이라고 설명하면 됩니다. 그러나 '배신'이러면 이게 입속에서만 맴돌며 어떻게 설명할지 막막해집니다. 스피드 게임이 끝나면 아이들은 아쉬운 마음에 너 나 할 것 없이 "한 번 더!"를 외칩니다. 그러면 두 번째 도전 때는 한결 더 세련되게 설명하는 모습을 보입니다.

그렇게 게임인 듯 공부인 듯, 공부인 듯 게임인 듯 한바탕 웃고 나면 오늘 배운 단어들이 글 속에 고스란히 녹아 있습니다. 이전에 쓰던 약간 쉬운 단어를 뒤로하고, 게임하면서 배운 수준 높은 단어를 사용하는 센스가 작동됩니다. 말이 되고, 글이 되는 순간입니다.

검색권을 공짜로 드립니다

앞서 스피드 게임 2학년 버전과 6학년 버전을 보여드렸습니다. 이처럼 저학년에서 고학년으로 올라갈수록 아이들의 대답은 점점 짧아지고 제가 알 수 없는 사이버 상의 세계에 대해서만 이야기를 나눕니다. 어떻게든 헤집고 그들의 대화 속에 끼려고 노력하지만 때로는 역부족일 때가 있습니다. 5, 6학년만 되어도 사춘기 바이러스를 보균하게 된 아이들은 왜 글을 길게 써야 하는지에 대한 의구심을 가집니다. 글씨는 점점 작아져서 현미경으로 들여다봐야 할 정도가 되고, 특히 여학생들의 글씨 크기는 거의 점 수준으로 변하기도 합니다. 마치 자기들만의 세계로 아무도 들어오지 못하도록 암호로 바꾸는 듯한 느낌이 들 때도 있습니다.

나아가 사춘기 바이러스 보균자들은 점점 더 형식적인 말하기를 꺼려하는 성향을 보입니다. 이들의 입을 열게 하는 절대적인 필살기가 필요한 시점입니다.

상급학교에 진학하거나 원서 등 자기소개를 해야 하는 경우 항상 나오는 질문 중 하나는 '감명 깊게 읽은 책에 대한 소개'입니다. 늘 나오는 질문이고 예상되는 질문임에도 불구하고 아이들은 이 문항에서 갑자기 '일시정지'가 됩니다. 엄마에게 물어봤다가 잔소리 폭격을 맞는 봉변을 당하기도 합니다. 그동안 책을 얼마나 많이 사줬으며 책 읽는 게 중요하다고 그렇게 강조했건만 지금껏 뭐했냐는 원망의 소리도 듣습니다. 이 상황이 익히 짐작되기에, 또 아이들이 핸드폰을 얼마나 애정하는지를 알기에 저는 얻고자 하는 정보를 제대로 검색하는 방법을 가르쳐주곤 합니다.

감명 깊게 읽은 책에 대하여 글쓰기를 하는 시간이면, 저는 아이들에게 책에 대한 '○○네이버, 다음, 구글 등 검색권'을 줍니다. 언어 유희일 수 있으나 모든 것을 게임화하면 그 효과가 두 배, 아니 그 이상이 됩니다. 말하자면 오픈 테스트 혹은 자료를 조사하고 쓰는 리포트와도 같은 것입니다. 처음에는 재미있어서 읽은 책이었지만, 조사할수록 작가에 대해서 새로운 사실을 알게 되고 미처 알지 못한 작품 속 요소들을 이해하게 되기도 합니다. 또 비슷한 주제의 다른 책을 발견하기도 합니다. 태어날 때부터 핸드폰과 한몸이나 마찬가지였던 '포노 사피엔스'들이 이것 하나 검색 못하겠습니까? 눈빛은 이미 무슨 화제의 논문을 쓰는 듯 진지합니다.

또, 평소 수업시간에 잘 따라와주는 친구가 있으면 '○○ 검색권'을 준다고도 합니다. 싱거운 소리처럼 들릴지 몰라도, 실제로 와이파이 비밀번호를 알려주고 자료를 찾아 글로 쓰라고 하면 아이들은 신선하게 받아들이고 곧잘 멋진 글을 써옵니다.

한편, 검색권을 사용할 땐 스피드 게임과는 사뭇 다른 분위기를 조성합니다. 활발하고 두뇌를 풀가동하는 시끌벅적한 분위기는 온데간데없고, 진지하면서도 색다른 분위기를 연출해야 합니다. 마치 북콘서트에 온 것처럼 한 사람에게 조명을 집중하도록 하고 편하게 앉을 의자도 마련해둡니다. 물론 서서 발표해도 상관 없지만, 의자에 앉아서 이야기해도 괜찮습니다. 마치 자기 책을 낸 작가처럼, 아이들은 자신이 재미있게 읽은 책을 청중에게 소개합니다. 그러면 모두들 숨죽여 듣습니다. 책 소개를 듣고, 그 친구가 읽은 책에도 관심을 가지게 되며 그렇게 연결 독서로 이어지기도 합니다. 그 시간만큼은 사춘기 바이러스 보균자들도 귀찮음 모드에서 벗어나, 각자가 북콘서트의 주인공이 되어 발표함으로써 성취감을 느낍니다. 또 다른 친구들의 정보 검색능력에 대해 서로가 놀라기도 합니다.

이런 아이디어는 다양하게 활용할 수 있습니다. 예를 들어, 여행을 가더라도 부모가 일방적으로 계획하기보다, 검색권을 주어 계획을 짜게 하면 여행을 통한 배움이 두 배가 될 것입니다. 예상보다 훨씬 더 멋진 결과를 가져올 테니, 저를 믿고 꼭 사용해보십시오.

책 제목만으로도 이렇게 글쓰기가 재미있어진다니

아이들이 책장 앞에서 서성거립니다. 읽을 책을 쉽게 고르는 친구도 있지만 대부분은 책장 앞에만 서면 무엇을 읽을지 심히 고민하는 결정 장애에 걸립니다. 책을 고르지 못한 친구들은 저에게 SOS를 청합니다.

"선생님, 책 좀 골라주세요."

"그래? 이 책은 어때? 주인공이 어쩌고 저쩌고 부연 설명이 이어집니다."

"별로인 것 같아요."

"그럼 이 책은?"

"네, 이 책 읽어 볼래요."

"이 책이 왜 마음에 드는데?"

"책 제목이 딱 재미있을 것 같잖아요."

갑자기 이 이야기를 하니 작년에 저의 생애 첫 책의 제목을 위해 고심했던 것이 생각납니다. 출판사에서 후보로 내어준 몇 개의 제목안을 가지고 지인들에게 설문 조사를 했습니다. 아이들도 이렇게 제목에 목숨 거는 것을 보면 책 제목이 독자를 끌어당기는 데 중요한 요소인 것만은 명백한 듯합니다.

아이들이 좋아하는 책은 대개 제목이 남다른 책, 그들의 마음을 나타내는 책입니다. 그렇게 마음에 드는 책을 집어 들고 우리 제자들은 책의 세계에 빠져듭니다. 각자가 원하는 책을 읽고 싶은 장소에서 읽습니다. 해먹에서도 읽고, 분위기 있는 의자에서 읽고, 카펫 위에 드러누워서도 읽으며, 텐트 속에서도 읽고, 캠핑 의자에서도 읽고, 푹신하고 재미있게 생긴 컬러풀한 소파에 앉거나 창가에 기대어서 읽기도 합니다. 여기저기 흩어져 평화롭게 책을 읽는 모습은 가히 경이로우며 아름답습니다.

아하, 아이디어가 떠오릅니다. 저들의 상상력을 자극하기 위한 재미있는 조합 게임! 저는 아이들에게 마음에 드는 책 다섯 권을 골라 오게 하였습니다. 책 제목만 읽어도 시대의 트렌드를 읽는 것입니다. 또

한 제목에는 작가들의 메시지가 담겨 있기에 그것만으로도 좋은 독서라고 생각합니다. 다섯 권을 고르라고 하니, 아이들은 재미있는 혹은 끌리는 제목 고르기에 여념이 없습니다. 평상시에는 외면하던 책도 곧잘 발굴해냅니다. 이리저리 분석하기도 합니다. 그리고는 '도대체 이걸로 무엇을 할 것인가' 하는 의구심 어린 표정으로 하나둘 모여듭니다.

드디어 미션 투척의 시간입니다.

"자, 여러분들이 고른 다섯 권의 책 제목을 그대로 자연스럽게 연결시켜서 한 편의 이야기를 지어봅시다."

"오 마이 갓 김치!"

"그렇다고 미리 이야기해주시지!"

여기저기서 한탄하는 소리가 들려오면 저는 능청맞게 말하죠.

"인생은 느닷없는 것이란다, 얘들아!"

미션을 받았으니 이제 수행할 차례겠죠? 아이들은 자기가 고른 책의 순서를 정하고, 어떤 테마를 가지고 이야기를 만들지 고민하며 이야기 짓기를 합니다. 그런데 조합 능력이 가히 상상을 초월합니다. 무대 위에서 책을 한 권씩 보여주며 쓴 글을 발표하면 굉장히 재치 있고 재미있거나, 감동적인 이야기들이 등장해 서로를 놀라게 합니다. 너 나 할 것 없이 칭찬을 주고받는 모습이 무척 보기 좋습니다. 그렇게 1차전이 끝나고 나면 단체로 아우성입니다.

"한 번 더 해요, 선생님! 이제 감 잡았어요."

"아, 안 되는데…. 그러면 이 팀만 특별히 한 번 더 기회를 주겠다. 멋진 책으로 멋진 이야기를 다시 만들어보자."

책 제목만 가지고도 독서와 글쓰기가 가능해집니다

그러면 아이들은 마법에 끌린 듯 빛의 속도로 책장 앞에 섭니다. 책꽂이를 샅샅이 뒤지는 아이들 사이에서는 "이런 책들도 있었냐?", "와, 이거 재미있겠다", "왜 이 책을 몰랐지" 하는 소리들이 터져 나옵니다. 책 제목들을 찬찬히 그러나 정확하고도 빠르게 스캔하는 한편, 이것을 이용해 어떤 주제로 어떤 이야기를 만들지를 생각합니다.

그렇게 이어지는 두 번째 발표는 한층 더 세련되며, 또 재미있습니다. 감동도 더해집니다. 아이들의 발표 태도도 업그레이드되고 내용은 아주 일취월장입니다.

이 활동은 평범하게 진행하면 자칫 재미가 반감될 수 있습니다. 처음부터 어떤 활동을 할 것인지 상세히 설명하지 말고, 아이들의 호기심과 도전의식을 부추겨주세요. 교사의 스킬이 조금 추가된다면 흥미를 돋우는 동시에 읽기와 쓰기와 말하기를 게임처럼 아주 재미있게 할 수 있습니다.

이번에 코로나 19로 휴원이 길어졌던 시기, 당시는 온라인 개학도 하기 전이라 학원생들에게 미션으로 이 활동을 제시했습니다. 미션 수행을 한 후 아이들이 "우리 집에 이런 책 있는지 몰랐다. 이야기를 지어야 하기 때문에 미리 생각을 하고 책을 고르는 것이 긴장되면서도 웃기고 재미있었다"라고 했다는 걸 전해 들었습니다. 자신이 탄생시킨 새로운 작품을 보며 아이들은 성취감과 만족감을 느낍니다.

언제고 한 번 시도해보십시오. 재미있을 것 같은 느낌적인 느낌! 말씀 안 드려도 아시겠죠?

집에 있는 책 다섯 권을 골라보세요. 다섯 권의 책 제목을 활용하여 시청률이 팍팍 나오도록 재미있는 이야기를 꾸며보세요.

_______ 초등학교 ____ 학년 _____반 ______________

인풋이 즐거워야
아웃풋이
풍성해집니다

공개수업이 다 끝나갑니다. 아이들은 수업을 보러 온 엄마를 의식하여 평소보다 더 앞다투어 발표하고, 바른 자세로 앉아서 연신 엄마와 눈빛 교환을 합니다. 그런데 현서가명는 계속 뭔가 마음에 안 들었는지 뾰로통합니다. 평소 같으면 몇 자 못 적는 아이라도 공개수업 날만큼은 열심히 하는데 이 친구만 요지부동입니다. 슬쩍 가서 이유를 물으니 이유도 말하지 않고 "그냥"이라고만 합니다.

겨우겨우 수업을 마무리하고, 현서 어머니에게 "아이가 오늘따라 글을 쓰지 않네요"라고 하니 여느 학부형과는 달리 아주 쿨~한 반응이 돌아왔습니다. "하기 싫은 건 절대 안 해요. 우리 아이 성향을 잘 아니까 제가 더 죄송해요."

한 학교에서 방과 후 수업을 아주 오랜 기간17년해오며 나름 인지도가 쌓여 수강 예약을 하기 위해 대기하는 학생들도 있고, 또 제 수업에 관한 이야기를 듣고 수업을 보고 아이를 보낼지 말지 결정하기 위해 일부러 공개수업을 참관하는 학부모들도 있습니다. 그래서 공개수업에 더 신경이 쓰이는 상황에서 현서의 돌발 행동은 제 등줄기에 땀이 흐르게 만들었습니다.

훗날 알게 된 사실이지만, 그날 글을 쓰기 싫었던 이유는 '좋아하는 주제가 아니라서'였다고 합니다. "관심이 없는 주제라 정말로 쓸 말이 없었어요"라는 것입니다.

사실 현서는 다른 아이들보다 한 해 일찍 입학했음에도 불구하고 읽기와 쓰기, 말하기 실력이 제법인 아이입니다. 형과는 나이 차이가 좀 있는 늦둥이로 엄마의 교육 방식이 정말 남달랐습니다. 여행을 무척 많이 다녔으며, 다양한 경험을 해보았기에 일상에서 사용하는 어휘가 매우 다채로웠습니다. 특히 야구팬이어서 구단의 경기는 원정을 가면서까지 즐기는 마니아라고 했습니다.

초등 2, 3학년 남학생에게 다소 생각해야 하는 주제를 주고 글을 쓰게 하려면 고도의 전략이 필요합니다. 우선은 그들의 마음을 사야 합니다. 하루는 수업시간에 '자신이 좋아하는 것'에 대해 소개하는 글을 쓰도록 했습니다. 그러자 공개수업 땐 꿈쩍 않던 현서가, 야구에 관해서는 어찌나 자세하고 실감 나게 잘 써왔는지 모릅니다. 주어진 종이 분량을 넘겨서 썼습니다. 오버 리액션을 장착한 저의 방청객 호응에 아이의 콧구멍이 벌렁거립니다. 눈 모양은 이미 하트입니다. 많이 써서 기분 좋고, 술술 써 내려가 기분 좋고, 자기가 아는 주제라 기분 좋고, 게다가 깐깐한 논술 선생님에게 칭찬까지 받으니 이미 마음은 구름 위를 두둥실입니다.

그렇습니다. 인풋이 있으니 아웃풋이 있는 것입니다. 평소 많은 경험과 수많은 대화가 아이의 뇌리 속에 누적 저장되어 있으면, 조건이 맞는 상황에서 술술 말과 글로 표현됩니다. 보고 들은 것이 많은 아이, 많이 놀러 다녀본 아이, 할 말이 많은 아이는 쓸 것도 풍부합니다.

정해진 것만을 해야 하고 정확한 규칙만을 강요받으며 자란 아이는 너그러움을 경험하지 못해 친구들에게도 너그러움을 발휘하지 못하고 짜증만 부리기도 합니다. 많이 보지도, 많이 다니지도 못하고 많이 읽지 못한 아이는 설령 학교생활은 모범적일지라도 글은 매우 정형화되어 있습니다. 전혀 입체적이지 않으며 밋밋한 글을 씁니다.

그러므로 인풋과 아웃풋의 상관관계는 아무리 강조해도 지나치지 않습니다.

글쓰기 하자고 조르는 아이들

코로나 19로 인해 저와 제자들은 두 달간 휴원도 아니고 방학도 아닌 시기를 보냈습니다. 아이들이 어떻게 지냈을지 무척 궁금했기에 '코로나로 인한 바뀐 생활'에 대해 적는 시간을 가졌습니다. 모두들 어려운 시기를 보내고 와서인지 글 속에서 성숙해진 모습이 살짝살짝 엿보였습니다. 물론 학교를 안 가도 되어서, 온종일 함께하던 엄마가 통제를 포기함으로써 게임 시간이 늘어나 행복했다며 장난기 가득한 글을 써온 아이들도 있습니다.

이렇듯 그때그때의 발달과업에 따라 또는 주변 상황에 따라 아이들이 관심 가지는 것에 대해 글쓰기를 하면 내용의 깊이가 달라진 걸 느낄 수 있습니다.

글쓰기 주제를 주기만 할 것이 아니라, 가끔은 아이들에게 역제안을 받는 것도 좋습니다. 저는 아이들의 생각이나 생활이 궁금할 때면 스스로 주제를 정해보라고 합니다. 새로운 교재로 공부할 때면 심지어 배우는 순서도 아이들에게 먼저 선택권을 줍니다. 그러면 어떤 책이나 주제를 선호하는지 아이들의 관심이 가감 없이 드러납니다. 유독 자신의 생각을 많이 표현하는 친구가 있다면 정도를 벗어나지 않는 선에서, 즉 교육과정에 알맞은 선에서 그들의 선택을 존중해 수업을 진행하기도 합니다. 아이들 스스로 선택한 주제 논술이나 독서 논술이기에 두말없이 수업에 임하는 효과도 있습니다.

오랜 사회적 거리 두기를 마치고 생활 방역으로 전환되는 주말, 그동안의 답답한 마음을 달래기 위해 자연을 찾은 집들이 많았던 것 같습니다. 감금 아닌 감금 생활을 하다가 오랜만에 탁 트인 야외에 다녀오니 얼마나 좋았겠습니까? 다들 저마다의 힐링을 하고 왔는지, 아이들이 학원 문을 열자마자 말합니다.

"선생님, 오늘은 어린이날에 놀러 간 거 쓰기 해요! 네? 제발요!"

참고로, 아이들은 강력하게 뭔가를 원할 때면 "네, 제발요!"를 꼭 붙입니다.

"싫은데, 오늘 다른 진도 나가야 되는데"라고 한 번 튕겼더니 이구동성 이렇게 말하는 게 아니겠습니까?

"선생님, 우리가요, 할 말이 많아서 그래요. 네? 제발요~~!"

할 말이 많아야 글쓰기도 잘 됩니다. 관심이 가는 일, 좋아하는 일, 흥미로운 일을 많이 경험함으로써 아이 내면에 이야깃거리를 풍성하게 만들어주는 것 또한 글쓰기 교육이고 말하기 교육입니다.

참, 저는 글씨 점수, 태도 점수, 내용 점수로 아이들의 글쓰기를 평가하곤 하는데요. 이렇게 자발적으로 글을 쓴 날이면 모두가 짜맞춘 듯이 만점이랍니다.

실전! 연결 글쓰기
WORKSHEET

나는 이것을 할 때 행복하고 이것을 할 때 기분이 좋고 이것을 할 때 시간이 가는 줄 모릅니다. 내가 좋아하는 것을 소개합니다.

_______ 초등학교 ____ 학년 _____ 반 ____________

단어와 경험을 연결하면 어휘력은 배가 됩니다

아이들과 수업 중에 조금 어렵지만 들어봤을 법한 단어가 나옵니다. 그 단어에 관해 설명해 보라고 하면 생각보다 꽤 이해를 잘한 경우가 있고, 또 어떤 경우는 정말 '자기 임의대로 해석하면서 살고 있었구나!' 생각하게 되기도 합니다.

코로나 때문에 수업 시작 전 아이들의 발열 체크는 물론 인적상황과 건강상태 등을 체크하고 동선을 파악하는 과정에서 있었던 일입니다. 혹시 이태원에 다녀왔냐는 저의 질문에 한 아이가 "이태원은 안 만났어요"라며 정색을 하는 것이었습니다. 저의 촉은 오늘도 예상을 적중했습니다. 그 아이에게 다시 물었습니다.

"이태원을 안 만났다고? 이태원이 누군데?"

"아이 참, 이태원을 몰라요? 우리 대구에 31번 확진자처럼 서울에 있는 슈퍼 바이러스 전파자잖아요. 그래서 '이태원 클래스'라고 그러는 거예요."

정말 자기 임의대로 해석을 너무나도 잘하여 아귀가 딱딱 맞아떨어지는 설명이 아니겠습니까? 저는 속으로 오만가지 생각이 들었습니다. 가족 중 누구 한 사람이라도 이런 상황에 관해 이야기 나누었더라면 그 '이태원'이는 억울한 누명을 쓰지 않았을 텐데 말입니다.

아는 만큼 보인다? 아는 만큼 깨우칩니다!

어휘력이 막히는 순간 사고력도 막힙니다. 반대로 그 단어의 의미가 파악되는 순간 이해력이 상승됩니다. 다시 말해 어휘력이 높아지면 이해력과 사고력은 자동 향상되는 것입니다.

하나의 현상을 두고도 다양한 방식으로 말과 글로 표현하는 능력이 중요해지는 요즘, 그 중심에는 어휘력이 있습니다. 배운 단어들을 실생활에 어떻게 적용하는지 봄으로써 아이의 언어능력을 평가할 수 있기도 합니다. 종종 글보다 말이 서툴러 평소 말할 때보다 글에 더 고급진 단어를 쓰는 아이가 있는가 하면, 말할 때는 다채로운 어휘를 사용하는 데 비해 글은 단순하게 표현하는 것으로 그치는 경우도 있습니다.

읽기와 쓰기, 말하기 모두에서 어휘력을 높이기 위해서는 다양한 단어들을 실생활에 잘 활용하도록 지도해야 합니다. 이를 위한 좋은 방법 중 하나는 아이들의 경험과 연결시키는 것입니다. 보고 듣고 경험한 것을 함께 이야기하며 그 내용과 관련된 정보들을 배웁니다. 그리고 그 정보에 관하여서는 구어체보다는 문어체로 습득하도록 합니다. 이렇게 문어체로 배우면 이후 독서를 할 때 아는 단어가 나오므로 더 빠르고 쉽게 이해할 수 있습니다.

가능하면 경험에 대한 생생한 기억이 남아있을 때 그것을 글로 기록하도록 지도해주세요. 일종의 기행문이라고도 할 수 있는데, 현장 경험과 느낌을 적을 뿐 아니라 관련된 단어를 사용해볼 기회도 됩니다. 현장에서 충분히 경험하고 느낀 후, 부모나 교사가 미처 알려주지 못한 부분은 인터넷으로 검색해서 정확한 정보를 얻고, 거기에 나오는 단어예를 들어 역사라면 역사와 관련된 어휘, 로봇이나 자동차라면 그와 관련된 말 등를 실제 적용해보도록 도와주는 것입니다.

이렇게 머릿속 경험을 글로 정리하고 어휘와 지식을 활용하는 과정에서 저절로 입력이 이뤄집니다. 입력이 있으면 출력은 당연한 결과겠지요. 아는 게 있으니 저절로 아는 척을 합니다. 예를 들면 뉴스를 보다가도 "어, 저거 내가 아는 건데"라고 합니다. 수업시간에 자신이 경험한 것과 연관되는 내용이 나오면 "네, 맞아요! 저번에 어디 갔을 때 들은 적이 있어요"라고 합니다.

경험과 연결되면 막연하던 책 속 단어에 생동감이 생깁니다. 어떠한 주제, 또는 단어와 관련해 머릿속에 입체적인 사고가 자리 잡게 되므로 사고력과 이해의 수준이 달라집니다. 2D로 보는 것과 3D로 보는 것의 차이랄까요.

내 아이 맞춤형 007 작전부터 시작하세요

교육에 있어서 가장 위험한 것은 획일화라 생각합니다. 아이들의 개성을 무시한 채 똑같은 방식으로 가르쳐서는 안 될 것입니다. 자녀의 성격이나 성향에 따라 양육 방식이 달라야 합니다. 문제는 '내 아이의 성격, 성향을 우리 부모가 정확하게 아는가'입니다. 알고 있다 생각하는 것이 어쩌면 착각일 수 있습니다.

아이의 심리를 알아보는 방법 중 하나는 아이의 그림을 보는 것입니다. 그림과 마찬가지로 글 속에서도 아이의 기쁨, 즐거움, 상처, 하고 싶은 일과 하기 싫은 일 등이 보입니다. 아이의 글을 잘 관찰하고 분석해보십시오. 누구보다 잘 알고 있다고 자부했던 내 아이의 내가 모르던 모습을 발견하게 될 것입니다. 매일 보는 아이라도 집 밖에서는, 남 앞에서는 다를 수 있습니다. 그러므로 잠시 콩깍지를 벗어놓고, 아이를 객관적으로 평가하고 판단해야 합니다. 평소 읽는 책과 글을 잘 관찰하면 아이가 진심으로 좋아하고 관심을 가지는 주제, 혹은 일정한 성향을 발견할 수 있습니다.

경험과 어휘를 연결하라고 하면 엄마가 원하는 경험, 엄마가 알려주고 싶은 단어와 개념으로 아이를 이끌어가는 모습을 자주 볼 수 있습니다. 물론 엄마 앞에서는 순응하며 재밌었다고 대답할지 모릅니다. 그러나 아이의 속내는 다를 수 있습니다. 그걸 찾아야 합니다. 그 힌트는 앞서도 말했듯이 글 속에 있습니다. 내가 모르던 내 아이의 모습, 진짜 관심을 발견하세요. 여기에 더해 엄마가 아이를 어느 정도까지 파악하고 있는지 절대 알게 해서는 안 됩니다. 특히 사춘기에 가까워진 아이들에게는 은근히, 우연인 척 멍석을 깔아줘야 그 경험에 푹 빠지게 만들 수 있습니다. 엄마의 007 작전을 통해 깜짝 놀랄 만한 흥미로운 신세계로 아이를 이끌어주세요.

이처럼 아이 고유의 성격과 성향을 잘 이해하는 것이 우선이며, 그 다음으로는 잘하는 것과 장점에 관해 열렬하게 응원해주는 엄마가 되어야 합니다. 새로운 어휘를 공부할 때도 마찬가지입니다. 아이가 새로 배운 단어들을 구사하면 더욱더 칭찬하고 업시켜줘야 합니다. 비슷한 단어로 바꿔보기도 하고 반대말도 찾아보기도 하며, 일상 속에서 사용하면 과하다 싶을 정도로 리액션해주세요. 그러면 아이는 또 다른 수준 높은 단어를 찾아 나설 것입니다.

시간을 정해놓고, 그 사이에 떠오르는 단어를 무엇이든 써보세요. 그리고 그 단어를 비슷한 다른 말로도 바꿔보세요. 높임말이면 예삿말로 바꾸고, 예삿말은 높임말로 바꿔보세요.

마지막으로 10개 정도의 단어를 선택해서 그 단어를 다 사용하여 이야기를 꾸며보세요. 생각보다 재미있습니다. 무엇이든 아는 만큼 보인다는 걸 잊지 마세요!

______ 초등학교 ____ 학년 ____ 반 __________

CHAPTER 4

관심과 주제를 연결하라

언택트 시대 아이들의 글쓰기

관심 연결 글쓰기 주제 (1) 코로나 19

아이들에게 있어 학교란 어떤 곳이며, 왜 가는 것일까요? 원론적으로 학교란 지식을 습득하고, 교우관계를 통해 사회성을 길러주는 공동체 조직입니다. 무조건 가야 하는 곳이라 다들 가기 싫어할 것만 같지만, 사실 아이들은 아침이면 각자의 이유를 가지고 설레고 기쁜 마음으로 발걸음을 옮깁니다. 어떤 아이들은 학교에 친구들을 만나기 위해 가고, 어떤 아이들은 체육을 하러 갑니다. 쉬는 시간마다 땀을 뻘뻘 흘리며 축구공 하나에 목숨 걸기도 합니다. 어떤 이는 급식 먹는 것이 제일 즐겁습니다. 물론 소수이겠지만, 공부를 하기 위해 가는 아이들도 있겠죠?!

화장실을 한 번 가도 우르르 몰려가고, 음악실에 가기 위해 친구들과 하하호호 거리며 함께 발걸음 옮기며, 누가 아프다고 하면 보건실도 같이 가줍니다. 서로 비밀 이야기도 나누고, 때로는 쉬는 시간 10분에 수업시간보다 더한 에너지를 쏟아붓기도 합니다. 그곳이 교실이든, 운동장이든, 급식소이든, 음악실이든, 체육관이든 시끌벅적한 것이 바로 학교의 풍경입니다.

그러나 영원히 당연하리라 생각했던 이 같은 학교 풍경은 2020년 3월부터 일시 정지가 되었습니다. 2주일간 개학이 연기될 때만 해도 '곧 다시 정상이 되겠지' 생각했습니다. 그러나 또다시 2주가 연기되고, 더는 미루지 못하고 온라인 개학이라는 초유의 사태를 맞이하게 되었습니다. 시대의 변화에 따라 비대면이 곳곳에 자리를 잡고는 있었지만 교육이 통째로 언택트untact화된 것입니다.

학교에서 경험할 수 있는 온갖 종류의 즐거움을 잃어버린 아이들에게 코로나는 더욱 엄중한 현실로 다가왔습니다. 공동체 경험은 삭제되고 온라인으로 지식만을 전달받을 수 있게 된 지금, 언택트는 아이들에게도 매우 중요한 주제이자 관심사입니다.

언택트 시대, 중요성이 더욱 강조되는 글쓰기

출강하는 학교에서의 논술 수업도 멈추고 학원도 임시 휴원을 하게 되었을 때, 발 빠른 많은 대형 학원이나 시스템을 갖춘 학원들은 온라인으로 수업을 시작했습니다. 저는 솔직히 혼란에 빠져 많은 고민이 되었지만 '어떻게 하는 것이 아이들을 위한 것일까?'에 초점을 맞추기로 했습니다. 학원 운영의 효율보다는 학습의 효율 그리고 아이들을 직접 돌봐야 하는 학부모 및 조부모님들, 학생들을 위한 것이 무엇일까에 생각을 집중했습니다.

지금의 상황이 얼마나 오래 지속될지는 모르나, 확실한 것은 우리 삶의 패러다임이 완전히 바뀌고 있다는 것입니다. 교육 분야도 그러합니다. 당장에 아이들을 가르치는 방법부터 비대면으로 바꿔야 하는 상황이 되었습니다. 공간의 한계를 뛰어넘어야 하는 숙제가 생긴 것입니다.

우리 아이들 앞에 떨어진 숙제도 저와 다르지 않습니다. 공간의 한계를 뛰어넘어 공부하고, 실력을 증명해야 합니다. 그렇기에 그 어떤 때보다도 글쓰기가 중요해집니다.

인류의 역사에서 글문서이란 애초 공간적, 시간적 한계를 극복하기 위해 만들어진 것이었습니다. 비대면 시대는 말 그대로 얼굴을 보지 않고 소통해야 하는 시대입니다. 글을 통한 자기 표현이 더욱더 강조

되고 중요해질 수밖에 없습니다. 내가 처한 상황, 내가 만든 제품과 서비스, 나의 생각과 원하는 것들을 타인에게 효과적으로 전달하기 위한 그 모든 일이 짧든 길든 글쓰기라는 수단을 통할 수밖에 없게 되었습니다.

가정에서 온라인 수업을 하며 아이들의 수업 장면을 실시간으로 보게 된 학부모들 다수가 '쓰기'의 중요성을 새삼 느꼈다고 합니다. 교과서의 곳곳에 쓸 것이 얼마나 많은지, 괴발개발한 글씨로 앞뒤가 맞지 않는 글을 쓰는 아이와 실랑이도 하며 쓰기 교육의 필요성을 실감했다는 말을 정말 많이 들었습니다. 막연하게 학교에서 잘하고 있겠거니 생각하다 눈 앞에서 수업 상황을 보니 글쓰기가 엉망임을 직시했다고도 합니다. 언택트 사회에서의 글쓰기도 그렇고, 내 아이의 학습을 위해서라도 글쓰기는 발등 위에 떨어진 불입니다.

오랜 코로나 방학을 뒤로하고, 학교 형편과 상황에 맞게 달라진 등교 풍경에 대한 아이들의 반응은 제각각입니다. 온라인 수업이 좋았던 아이들은 등교가 마냥 반갑지만은 않나 봅니다. 마스크 너머로 친구들의 미소를 떠올리며 친구들을 보는 기쁨에 학교가 즐겁다는 아이도 있습니다. 개학에 대한 의견이 분분하지만 그나마 다행인 건, 아이들은 어른들보다 훨씬 더 변화에 잘 적응한다는 사실입니다. 한 날은 원격 수업하는 친구들과 교실에 등교하는 친구들이 함께 실시간 영상 수업을 하며 이야기를 나누고 글을 쓰고 발표를 했습니다. 이런 수업은 처음이었을 텐데 잘 참여하는 데다 웃음이 만연합니다. 아, 이들은 과연 뼛속까지 포노 사피엔스들입니다!

과거로 돌아갈 수 없고 앞으로 어떤 일이 펼쳐질지 알 수 없는 상황에서 아이들을 어떤 방향으로 인도하며, 어떻게 가르쳐야 할지 교사와 학부모 모두 고민이 깊습니다. 변화하는 세상은 아이들에게도 큰 관심사입니다. 아이들 스스로 변화된 사회를 인식하기 위하여 본인이 경험한 변화를 나열하고, 어떻게 대처해야 할지 알아보는 시간을 가져보면 어떨까요? 먼저 자신들이 겪은 변화 중 좋았던 것과 불편했던 것을 알아보고, 어떻게 대처해나가야 할지 이야기 나누었습니다. 이제 이런 대화 또한 랜선으로 나누는 것에도 익숙해지겠죠. 실제로 수업을 해보니 아이들에게는 아직 생생한 경험인 데다, 자신의 미래와도 밀접한 연관이 있는 주제라 관심이 지대합니다. 한참 이야기 나눈 후에는 글도 술술~ 써 내려갑니다. 정말 다행입니다!

코로나 19로 인해 바뀐 내 생활을 써보세요.

______ 초등학교 ____ 학년 ____ 반 ____________

거짓말이라고 다 같은 거짓말일까요?

관심 연결 글쓰기 주제 (2) 선의의 거짓말

거짓말을 한 번도 해보지 않은 사람이 있다면 아마 그 자체가 거짓말일 것입니다. 의도와 정도가 각기 다를 뿐, 누구나 약간씩의 거짓말은 하고 삽니다.

어린 시절에는 거짓말이 무조건 나쁜 것인 줄만 알았습니다. 그 예로 '양치기 소년'의 이야기를 들으며 거짓말은 절대 해서는 안 되는 것이라 철저히 배웠습니다. 우리 어린 시절에는 어쩔 수 없이 남에게 용기와 희망을 주기 위해 하는 거짓말, 또는 단순히 장난을 위한 거짓말이나 진짜 남을 속이려는 거짓말 등 거짓말에도 다양한 종류가 있다는 걸 가르치는 일이 드물었습니다. 흥부는 착한 동생, 놀부는 나쁜 형이라는 사실을 전혀 의심하지 않았던 것처럼, 동화책을 읽든 영화를 보든 '좋은 사람 대 나쁜 사람'이라는 흑백 논리로 세상 보는 법을 배우는 경우가 많았죠.

사람마다 다르겠지만 제 경우엔 고등학생이 되어서야 이런 이분법적 사고에서 벗어날 수 있었습니다. 세상 물정도 모른 데다 책을 읽어도 스스로 생각하지 못하고 습관적인 독서만 했기 때문입니다.

거짓말은 학년을 불문하고 아이들이 좋아하는 주제 중 하나입니다. 삶과 밀착된 주제이기 때문이죠. 엄마에게 숙제 다했다고 거짓말을 하고 놀다 혼난 경험, 울적해하는 친구를 위로하려 맘에 없는 말을 해본 경험, 그밖에 소소한 거짓말로 죄책감을 느끼거나 딜레마에 빠져본 적이 없는 아이는 없습니다. 거짓말이란 주제로 수업을 하면 아이들은 할 말이 많아집니다.

이번 장에서 제시할 주제는 내가 아닌 다른 사람을 위해서 하는 '선의의 거짓말'입니다. 같은 3, 4학년이라도 평소 가치관에 따라 "하얀 거짓말도 거짓말이므로 무조건 안 돼요"라는 쪽과 "다른 사람들을 배려하기 위해 가끔은 하얀 거짓말을 할 수도 있어요"라는 쪽이 갈릴 것입니다. 무조건 내 가치관이 맞다는 식에서 벗어나, 열린 시각으로 생각할 수 있도록 안내해주는 것이 우리의 역할입니다. 이 같은 사고 확장의 매개가 될 만한 다양한 시청각 자료를 준비하고, 충분히 이야기 나눈 후 그에 관해 글을 써서 소감과 생각을 정리해보게끔 해주세요.

인생은 아름다워

선의의 거짓말을 할 수밖에 없었던 어느 아버지의 사연을 담은 영화, 죽기 전에 반드시 봐야 할 영화에 늘 거론되는 명작 <인생은 아름다워>의 내용을 살펴보면서 하얀 거짓말은 해도 되는지에 대해 아이들과 함께 이야기해보면 좋겠습니다.

주인공 귀도는 사랑하는 부인, 그리고 아들 조슈아와 함께 행복하게 살고 있습니다. 그러나 유대인이었던 귀도는 2차 세계대전이 시작되면서 독일의 유대인 말살 정책에 의해 아들과 함께 갑자기 수용소에 끌려가게 됩니다. 어린 조슈아가 두려움을 느낄 것이라 생각한 귀도는 멋진 거짓말을 생각해냅니다. 평소 탱크를 좋아하는 아들에게 수용소 생활이 '주어진 규칙을 잘 견딜 때마다 점수를 따게 되는데 1,000점을 먼저 따면 탱크를 타고 집에 갈 수 있는 재미있는 게임'이라고 이야기한 것이죠. 조슈아는 탱크를 탈 수 있다는 말에 흥미를 가지고 아버지의 '수용소 게임'에 열심히 참여합니다.

두 사람은 아슬아슬한 위기를 여러 번 넘기며 끝까지 살아남고, 마침내 독일이 전쟁에 패했다는 소식을 접합니다. 독일군이 모든 증거를 없애기 위해 유대인들을 없애려는 찰나, 아내를 찾아 탈출을 시도하던 아버지 귀도는 독일군에게 발각되고 그 직전 아들에게 마지막 하얀 거짓말을 합니다.

아들을 궤짝 안에 숨기면서 '지금은 아버지와 숨바꼭질을 하는 것이며 이 게임이 마지막 게임일 것'이라며 어떤 소리가 나도 게임을 위해 절대 나오면 안 된다고 신신당부합니다. 독일군에게 잡혀 가면서도 궤짝 안에 숨어있는 있는 아들이 볼 것을 예상하고 게임 중이라는 듯 장난스러운 발걸음과 표정을 연출해 끝까지 아들을 안심하게 만듭니다. 결국 아버지 귀도는 죽고, 다음날 거짓말 같이 연합군의 탱크가 아들 조슈아 앞에 나타납니다. 정말이지 기가 막히는 1,000점 따기 게임입니다.

수용소에 끌려간 아들이 무서워할까 봐, 또 독일군으로부터 아들을 지키기 위해 했던 귀도의 거짓말은 하얀 거짓말입니다. 만약 귀도가 아들 조슈아에게 진실만을 전하기 위해 "이제 우리는 끝장이다. 수용소 생활은 장난 아니다. 말 안 들으면 혼날 줄 알아라"라고 말했다면 어땠을까요? 조슈아는 두려움과 공포에 휩싸였을 테고, 갑작스러운 수용소 생활에 적응하기도 힘들었을 것입니다. 아버지의 하얀 거짓말이 아들을 지켜내고, 마침내 목숨을 살렸던 것입니다. <인생은 아름

다워>를 보고 이야기를 나누면 모두들 선의의 거짓말에 대해서 다시 한번 더 생각해보게 됩니다. 참, 아이들은 이 영화 이야기를 무척 좋아 한답니다.

엄마의 흔한 거짓말

영화 속 귀도처럼 극단적인 상황이 아니라도 자녀를 키우다 보면 선의의 거짓말을 하게 되는 경우가 많습니다. 아이들에게 '우리 엄마 아빠가 하는 선의의 거짓말'에 관해 물어보면 반응이 열광적입니다. 처음에는 재미있어하며 이야기하지만, 영화 속 귀도가 거짓말을 한 이유를 떠올리며 짐짓 부모님의 속내를 헤아리기도 합니다.

아이들에게 엄마가 자주 하는 거짓말이 무엇인지 물어보았더니, 대체로 다음과 같은 말들이 나왔습니다.

"이 주사는 별로 안 아파. 살짝 따끔하고 마니까 걱정 마."

"시험 그거 별것 아니야. 엄마는 네가 공부 잘하는 것보다는 건강하게 자랐으면 좋겠어."

"세뱃돈 엄마 줘. 엄마가 맡아뒀다가 나중에 한꺼번에 줄게."

"일어나, 지각이야."

"솔직하게 말하면 엄마가 다 용서해줄게."

"어렸을 때 엄마는 공부를 매우 잘했어."

"1등 하면 원하는 것 다 사줄게."

어떤 거짓말을 가장 많이 하시나요? 뭐라고요, 해당되는 것이 하나도 없다고요? 거짓말을 하시는군요!

실전! 연결 글쓰기
WORKSHEET

거짓말의 종류에 대해서 쓰고, 그중에서 하얀 거짓말에 대한 자신의 생각을 써보세요.

________ 초등학교 ____ 학년 _____ 반 ______________

아이에게 마당 밖을 상상하게 해 주세요

관심 연결 글쓰기 주제 (3) 마당을 나온 암탉

학원에서 수업을 마치고 집으로 간 학생이 10여 분 뒤에 다시 왔습니다. "선생님!"하고 부르는데 애타게 도움을 구하는 목소리였습니다. 수업 중에 글 잘 썼다고 칭찬까지 받고 기분 좋게 나간 녀석인데 울상이 되어 들어오다니, 순간 가슴이 철렁했습니다. 달려가서 보니 오른쪽 무릎을 제외한 왼 무릎, 양팔 팔꿈치까지 그 친구 말을 그대로 옮기면 싹 쓸렸습니다. 무릎에는 피가 철철 흐르고 있었습니다. 딸아이 하나만 키워본지라 이렇게 큰 찰과상은 처음이어서 제가 더 많이 놀랐습니다. 그래서 본의 아니게 호들갑을 떨었습니다. 인도에서 자전거 도로로 발을 잘못 내디뎌 넘어졌나 봅니다. 아이도 저의 호들갑에 놀라서 응급실을 가야 하냐며 걱정을 보탰습니다. 그 순간 옆에 있던 고등학교 2학년 형아가 "이런 건 소독하고 이틀만 지나면 금방 나아"라며 너스레를 떨었습니다. 순간 응급실 운운했던 우리 둘은 머쓱해져 버렸습니다.

"여기 안에서만 놀아."

"거긴 위험해. 절대 밖으로 나가지 마."

많은 엄마가 아이들의 활동 범위와 관련해 미리 위험 요소를 제거하거나 놀 수 있는 지역을 정해주고, 그 반경을 벗어나면 안 된다고 단단히 엄포를 놓습니다. 온갖 협박 아닌 협박으로 '이불 밖은 위험하다'는 걸 인식시킵니다. 그래야 다치지 않고 무엇보다도 안전하게 지낼 수 있으니까요. 혹시 TV에 사고 뉴스라도 나오면 옆에서 노는 아이에게 다짐 또 다짐을 받습니다. 지극히 개인적인 생각이지만, 그래서 저는 아이 혼자 일찍 외국에 공부하러 보내는 부모들을 보면 정말 대단하다고 생각합니다. 저는 그럴 만한 용기가 없어 어쩔 수 없이 아이를 끼고 키웠다며 애써 위로하기도 합니다.

이처럼 일상적으로 활동 범위를 제한받는 아이들. 약간의 일탈이라도 두려워하는 아이가 있는가 하면 엄마의 단속을 짜증스럽게 받아들이는 아이도 있습니다. 안전을 위해 어쩔 수 없는 상황을 설명하면서 아이들의 처지와 관련해 이야기해주면 꽂히는 책이 있으니, 바로

《마당을 나온 암탉》 입니다.

책 제목부터 유심히 살펴보시죠.. '마당'은 안전한 곳입니다. 가축들과 사람들이 옹기종기 대문 혹은 울타리 안에서 안전하게 지낼 수 있는 공간을 뜻합니다. 야생동물의 위협으로부터 안전한 곳입니다. 그런데 주인공은 그러한 마당 밖으로 나온 암탉입니다. 가축인 암탉이 야생동물들이 들끓는 들로 나옵니다. 그것도 용종 닭으로서 알만을 기계적으로 낳던 닭인데, 알을 품겠다는 꿈을 가지고 닭장에서 기어이 나온 것입니다. 그리고 마침내는 자신의 꿈이었던 알을 품기까지 합니다. 지금껏 '이불 밖은 위험하다'고 열심히 외친 것과 많이 상반되는 내용입니다. 그렇기에 아이들은 더더욱 마당을 나온 암탉에게 박수를 보냅니다.

이 책은 꿈을 찾아가는 자유에 대해 말하고 있습니다. 알을 품어 병아리의 탄생을 보겠다는 소망을 간직하고 양계장을 나온 암탉 '잎싹'이 자기와 다르게 생긴 아기 오리초록를 지극한 사랑으로 키웁니다. 이후 그들 오리의 무리에 보내주고 자기 목숨은 족제비에게 희생당하고 맙니다. 잎싹의 삶과 죽음, 순간순간 고통스럽지만 오리 알을 품어 돌보는 과정 속에 소망과 자유, 그리고 사랑을 실현해 나가는 삶을 보여줍니다. 이불 밖은 위험할 수 있고 때로는 목숨도 앗아갈 만큼 위험하고 안전이 보장되지 않는 곳인데 그곳에서도 기꺼이 자신이 품어 낳은

새끼를 보호하는 암탉의 삶에 박수가 저절로 나옵니다. 마당 바깥에는 위험하지만 가치 있는 일이 기다리고 있는 것입니다.

거위의 꿈

저는 논술 수업을 하면서 노래와 많이 연결시킵니다. 노래의 메시지와 책의 메시지가 딱 떨어질 경우, 노래를 신나게 혹은 진지하게 부르고 나면 아이들은 책을 더 잘 찾아보고 오래도록 가사를 되새김질하며 부릅니다. ≪마당을 나온 암탉≫에서 말하는 '꿈을 찾아가는 자유'와 관련되는 노래가 뭘까 생각해보니 '거위의 꿈'이 딱 맞았습니다. 가사의 일부분을 살펴보겠습니다.

난, 난 꿈이 있었죠

버려지고 찢겨 남루하여도

내 가슴속 깊이 보물과 같이 간직했던 꿈

혹 때론 누군가가 뜻 모를 비웃음

내 등 뒤에 흘릴 때도 난 참아야 했죠.

참을 수 있었죠, 그날을 위해

그래요, 난, 난 꿈이 있어요.

그 꿈을 믿어요. 나를 지켜봐요

저 차갑게 서 있는 운명이란 벽 앞에

당당히 마주칠 수 있어요.

… 중략 …

언젠가 그 벽을 넘고서

저 하늘 높이 날을 수 있어요

이 무거운 세상도 나를 묶을 수 없죠

내 삶의 끝에서

나 웃을 그 날을 함께해요

책을 읽고 노래를 부르며 그 노래 가사가 마음속 깊숙이 각인된다면 저는 나름 절반의 성공이라 생각합니다. 그야말로 가볍게 재미 위주로 읽을 수 있는 책이 있는가 하면, 잔잔한 울림과 감동을 주고 더 나아가서 삶을 변화시키는 책도 있습니다. 딱 들어맞는 노래는 후자의 책이 주는 메시지를 배가시켜 마음속과 머릿속에 스며들게 합니다.

앞으로 아이들은 커가는 과정에서 품었던 꿈이 좌절되는 경험도 할 것이고, 때로는 불가능한 꿈이라고 조롱당하거나 쓰러지는 경험도 할 것입니다. 그럴 때마다 매번 부모가 헬리콥터처럼 그들의 곁을 맴돌며 도와줄 수는 없는 노릇입니다. 안쓰럽고 힘들어 보인다고 하나부터 열까지 다해 줄 수는 없습니다. 생각이 자라고 근육이 자라고 힘이 생겨서 스스로 일어서도록 도와주는 게 진정한 양육자의 역할 아닐까요. 아이들이 각자의 위치에서 잘 자리매김하도록 마음속으로 응원해야 할 때를 대비하여 ≪마당을 나온 암탉≫ 같은 책을 읽어두었으면 합니다. 책과 노래가 주는 메시지는 아이들에게 삶의 지표가 되고 힘이 되리라 확신합니다.

스승의 입장에서는 좋은 제자를 만나는 것이 복이고, 제자 입장에서는 좋은 스승을 만나는 것이 복입니다. 자식도 부모를 잘 만나야 하고, 반대로 부모도 자식을 잘 만나야 합니다. 물론 상대적인 것도 있겠지만 유기적인 관계 속에서 슬픔과 기쁨 등 여러 감정을 교감하면서 지냅니다. 무심한 듯 시크하게 부모가 건네는 양서는 아이들에게 커다란 힘과 용기를 줄 것입니다.

"반드시 읽어야만 해"가 아니라 "읽으면 너에게 정말이지 힘이 되고 도움이 될 거야. 그런데 재미까지 있네"라며 권해주세요. 이런 책은 결코 자녀의 앞날을 배신하지 않을 것입니다. 오늘부터 각자 백지와 같은 세상에서 마음껏 자유를 찾아갈 수 있도록 '어떻게 하면 세련되게 좋은 양서를 권할까'를 연구하는 멋진 여러분이 되길 기원합니다.

실전! 연결 글쓰기 WORKSHEET

우리 주위에는 위험한 것이 많습니다. 어떤 위험한 것이 있을까요? 곳곳에서 찾아 글로 써보세요.

_______ 초등학교 ____ 학년 _____ 반 ____________

실전! 연결 글쓰기 WORKSHEET

드디어 내가 원하는 꿈을 이루었습니다. 그동안 고생했던 여러 일들이 마구 떠오릅니다. 꿈을 이루는 과정에서 가장 어려웠던 것은 무엇이었나요? 그리고 꿈을 성취한 자신을 마음껏 칭찬해주세요. 나에게 보내는 칭찬의 편지를 써도 좋습니다.

_______ 초등학교 ____ 학년 _____ 반 ___________

아이들도 부자 되는 꿈을 꿉니다

관심 연결 글쓰기 주제 (4) 나에게 큰 돈이 생긴다면

"선생님! 할아버지가 제일 좋아하는 것이 무엇이게요?"

"건강, 자녀? 잘 모르겠는데 뭐지?"

"그것도 몰라요? 난 다 아는데, 크크크."

한 아이의 장난스러운 질문에 모른다고 대답하니 엄청 즐거워합니다. 계속 모르는 척, 어려운 질문인 척해야겠습니다.

"대체 뭔데 그래? 선생님은 도무지 모르겠다."

"그것도 모르세요? 그건 바로 할머니잖아요."

그런데 곁에서 듣고 있던 다른 아이가 불쑥 끼어듭니다.

"우리 엄마가 그러는데 돈이 이 세상에서 제일 최고래요. 할아버지가 제일 좋아하는 것도 아마 돈일걸요."

간혹 수업 도중에 뜬금없이 "선생님은 부자예요?"라고 묻는 아이들이 있습니다. 그러면 어떤 때는 부자라고 거드름을 피우기도 하고 어떤 때에는 몹시 가난한 것 같다고 엄살을 부려봅니다. 그러면 아이들은 가끔씩 제 손에 있는 반지나 시계를 보고 "에이, 선생님 부자잖아요? 다 알아요"라고 합니다. 어쨌든 아이들이 저를 부자라고 생각해주는 것은 좋은데, 어른들에게서 들은 대로 돈 이야기를 할 때면 당혹스럽기도 합니다. 기승전 '돈'으로 이야기를 마무리하는 아이들이 가끔씩 있기 때문입니다. 심지어는 자기 집이 몇 평이며 얼마이고 팔면 얼마인데 엄마 아빠가 차를 사러 간다는 등 귀동냥으로 들은 어른들의 말을 자주 옮깁니다.

한 번은 결석하면 안 되는 이유에 관해 이야기하는데 "엄마가 그러는데, 방과 후 수업을 계산하면 한 번에 ○○원이니까 결석하면 그만큼 돈을 버리는 거래요. 그래서 수업에 빠지면 안 돼요"라고 하는 아이가 있었습니다. '얼마의 돈이기 때문에'라고 가르치는 엄마가 나쁘다고 할 수는 없지만 왠지 씁쓸해지는 것은 사실입니다. 제가 보수적이어서 그런지 몰라도 아이들이 돈 이야기를 하면 어떻게 경제관념을 심어줘야 하나 늘 고민됩니다.

돈이면 모든 것이 해결된다고 믿는 물질 만능주의에 젖어있는 아이들에게 돈의 가치를 설명하기란 매우 어렵습니다. 돈을 벌기보다 쓰기가 더 어렵다는 것을 가르치기에 애매한 면도 없지 않습니다. 한편, 이처럼 돈 벌기와 돈 쓰기를 가르치다 보면 부모들이 어디에 가치를 두고 사는지가 살짝 엿보이기도 합니다.

제가 택한 방법은 여러 가지 돈 버는 방법과 쓰는 방법들을 알아보고 돈을 가치 있게 잘 쓴 사람들의 사례를 알아보는 것입니다. 그러다 보면 다행히도 어렴풋하게나마 올바른 소비의 중요성을 알아가는 친구들도 있습니다.

'나에게 100만 원 또는 1000만 원의 돈이 생긴다면'이라는 제목으로 글을 써 보게 하면 참으로 재미있습니다. 글 속에 아이들이 하고 싶은 일, 엄마가 사고 싶었던 것, 아빠가 사고 싶었던 것, 자기가 사고 싶었던 것 등이 모두 나옵니다. 돈을 가치 있게 써야 하는 이유에 관해 배우고 나서 글을 쓰는 것이라 그런지, 기특하게도 때로는 남을 위해서 살짝 지분을 나누는 모습 또한 보입니다. 아이들이 쓰는 글을 분석해보면 대체적으로 엄마에게 옷과 명품가방을 사주고 아빠에게는 차를 사주고 자기는 실컷 여행을 다니면서 재미있게 논다고 합니다. 베풀기를 좋아하는 아이들은 할아버지, 할머니에게까지 선물을 합니다.

글로 인심 다 쓰는 셈인데, 단지 상상임에도 참으로 행복해하며 글쓰기를 합니다. 아무리 가치 있게 써야 한다고 해도 아이들이 그것을 이해하기란 쉽지 않습니다. 이런 때는 아름다운 부자들에 관한 이야기를 들려주세요. 돈과 부자에 한창 흥미가 있는 아이들은 귀를 쫑긋하며 주의를 기울일 것입니다.

아름다운 부자들

노블레스 오블리주Noblesse Oblige라는 말이 있습니다. '가진 자의 도덕적 의무'라는 뜻인데, 사회적으로 상류층을 이루고 있는 사람들에게 요구되는 도덕적인 의무와 책임을 의미합니다. 초기 로마 시대에 왕과 귀족들이 보여준 투철한 도덕의식과 솔선수범하는 공공정신에서 비롯된 단어라고 합니다. 이러한 행위는 의무인 동시에 명예로 인식되면서 자발적이고 경쟁적으로 이루어졌습니다.

근·현대에 와서도 이러한 도덕의식은 계층 간 대립을 해결할 수 있는 최고의 수단으로 여겨져 왔습니다. 실제로 제1차 세계대전 당시 영국의 귀족 집안 자제들이 많이 다닌다는 이튼 칼리지 학생 2천여 명이 전쟁터에 나가 죽음을 맞이하기도 했답니다.

평소 같으면 상류층의 사회적 의무라는 것이 잘 와 닿지 않지만, 요즘 같이 나라 전체가 어려운 시기에는 아이들도 이런 개념을 잘 이해하는 것 같습니다. 총체적 국난을 맞이하여 국민을 통합하고 역량을 극대화하기 위해서는 무엇보다 기득권층의 솔선하는 자세가 필요하고, 아이들도 그 점을 이해하고 있습니다.

한편 '노블레스 오블리주 정신'이 서구 사회에서 유래되었다고 하지만 우리나라에서도 대대로 이런 정신이 이어져 왔습니다. 이런 이야기를 하면 제법 흥미로워합니다.

우리나라의 대표적인 아름다운 부자로는 먼저 경주 최 부잣집을 들 수 있습니다. 자신이 사는 백 리 안에서 굶어 죽는 사람이 없게 한다는 원칙 하에 그 집의 며느리들은 무명옷을 입고, 가난한 사람들에게 음식과 옷을 나눠준 것은 아주 유명한 이야기입니다. 마지막 경주 최 부자, 최준 선생은 상해 임시정부에 자금을 댔으며 전 재산을 영남대학교 설립에 기부하였습니다.

독립운동가로 알려진 이회영 선생의 집안은 일곱 명의 재상을 배출한 명문가이지만 강제 병합 후 독립운동을 위해 주어진 위치를 과감하게 포기하고 전 재산을 정리해 만주로 떠났습니다. 이후 신흥무관학교를 세우는 데 일조하기도 했습니다.

마지막으로 노블레스 오블리주 정신을 실천한 사람 중에는 유일한

박사도 있습니다. 유한양행과 학교재단인 유한재단을 설립한 기업가이자 교육자입니다. 일제강점기 독립운동에도 헌신하였으며 OSS미국 CIA의 전신 요원으로 활동했습니다. 그는 투명하고 정직한 기업 경영의 표상으로 여겨집니다. 자신의 기업을 전문 경영인에게 물려주고, 모든 재산을 사회에 환원하였습니다. 기업 경영의 목표를 이윤 추구에 두지 않고 건전한 경영을 통한 사회헌신을 평생 신념으로 삼았다고 합니다.

'윗물이 맑아야 아랫물도 맑다'는 옛말이 있듯이 사회적으로 귀감이 되어야 합니다. 상류층 사회가 탄탄하게 된 이유는 소비자들이 그들 기업의 제품을 소비했기 때문입니다. 자신이 받은 것을 조금이라도 다시 돌려주는 자세, 그것이 바로 '노블레스 오블리주'이며 아름다운 부자의 참된 모습입니다.

자본주의 사회를 살며 우리 아이들도 누구나 부자 되길 꿈꿉니다. 아이들이 바라는 부자의 모습이 단지 돈을 많이 벌고 잘 쓰는 사람이 아니라, 제대로 가치 있게 쓸 줄 아는 참된 사회 지도층의 모습이었으면 좋겠습니다.

실전! 연결 글쓰기
WORKSHEET

나에게 돈 (   ) 원이 생긴다면 어떻게 사용하고 싶나요?
가치 있게 잘 나누어 써보세요.

________ 초등학교 ____ 학년 _____반 ______________

실전!
연결 글쓰기
WORKSHEET

노블레스 오블리주의 유래를 찾아보고 이것이 필요한 이유를 생각해보세요. 내가 알고 있는 아름다운 부자를 소개해보세요.

_______ 초등학교 ____ 학년 _____반 ____________

그림이라는 타임머신 타고 역사 속으로 떠나요

관심 연결 글쓰기 주제 ⑸ 미술 감상

어느 해인가 추석을 맞이하여 형제자매들이 모였습니다. 칠십 대 할아버지로부터 세 살짜리 꼬마 조카까지, 모두를 만족시킬 수 있는 프로그램이 무엇일지 고민하다 다 같이 미술관을 찾게 되었습니다.

풍경화부터 시작해 잔잔한 정물화를 거쳐 설치미술까지, 미술에는 전혀 문외한이지만 나름 작가의 의도와 메시지를 생각하며 감상했습니다. 그러다가 특별전시실이라는 곳에 입장했는데, 그림은 온데간데 없고 안쪽에 벤치형 의자가 기다랗게 놓여 있었습니다. 어리둥절해서 의자에 앉으니 갑자기 헬리콥터 소리가 들렸습니다. 잠시 뒤 천장에 달린 빔이 안쪽 벽을 비추고 영상이 띄워지더니, 조선시대의 산수화 같은 것이 보이고 동시대 서양인들이 헬리콥터에서 화폭으로, 한 명씩 내려서는 장면이 연출되었습니다. 아름다운 드레스를 입은 숙녀들과 턱시도를 멋지게 차려입은 신사들이 산수화 속으로 들어와 우리 조상들과 경치 좋은 우리 금수강산에서 잠시 노니는 모습이 이어졌습니다. 마지막은 서양 신사 숙녀들이 앞서 등장한 헬리콥터를 타고 떠나는 장면이었습니다. 온 가족이 그 신기하고 놀라운 첫 경험에 감탄했습니다. 수업시간에 미술 관련 동화책이나 주제가 나오면 저는 반드시 그 날의 감동적이었던 경험을 이야기하곤 합니다.

얼마 후, 그 감동 그대로 대구 미술관에서 엄청난 규모의 산수화 그림을 보았습니다. 가까이서는 전혀 형체를 알 수 없었는데 작가가 원하는 거리에서 감상하니 아주 작은 검정 레고블럭을 이용해 만든 산수화임을 알 수 있었습니다. 세상에, 레고로 이렇게 멋지게 산수화를 표현하다니! 그림은 벽에 가만히 걸려 있고 우리는 그 그림을 일정한 거리에서 감상한다는 저의 고정관념을 완전히 깨어버린 작품이었습니다.

그 경험이 미술의 영역에 눈 뜨는 계기가 되었습니다. 상상력도 기발할뿐더러 전혀 상관없을 것 같은 것들의 믹스가 인상적이었습니다. 논술의 법칙에서 설명한 하이믹스가 멀리 있지 않았던 것입니다.

이 같은 좋은 경험 덕분에 미술관에 가면 무조건 특별전시실을 찾는 버릇이 생겼습니다. 색다른 그림 앞에서 또 한 번 감탄할 마음의 준비를 하고서요. 어른인 저도 이렇게 경탄하는데 아이들은 어떨까요? 미술 작품은 작가의 창의력이 응축된 결과물입니다. 눈으로 쓱 보고 지나치는 예술품이 아니라, 작품에 대해 생각하고 상상할 수 있도록 안내해주면 아이들의 상상력을 자극합니다. 헬리콥터를 타고 조선시대 산수화에 내려온 서양 신사 숙녀들처럼, 멋진 작품 속에 비상 착륙하기도 하고, 먼 옛날 모습을 담은 그림 속 그 시대 풍경 속으로 이동한 시간여행자가 되기도 합니다.

김홍도의 〈씨름〉을 보고 상상하기

조선시대 22대 임금이었던 정조는 도화서 화원이었던 김홍도의 풍속화를 통해 일반 백성들의 삶을 엿보았다고 합니다. 그래서 다른 화가들과 달리 김홍도는 서민들의 생활 모습을 화폭에 많이 담아냈습니다. 우리가 익히 아는 <서당>, <무동>, <씨름> 등이 대표적입니다.

그중에서 <씨름>에 이야기해 보겠습니다. 언뜻 보아도 시끌벅적한 소리가 들려오는 것 같은 이 그림의 크기는 가로 22.2센티미터, 세로 26.9센티미터로 아주 작습니다. 아이들과 이 그림을 보면서 이런저런 문제를 내주면 무척 재미있어합니다. 문제는 이미 기존 교재들에도 많이 등장하는 것들로 예를 들면 다음과 같습니다.

- 이 그림에 나오는 사람은 모두 몇 명인가?
- 오른쪽 맨 위에서 가장 씨름판에 온 지 오래된 것 같은 사람은?
- 오른쪽 맨 위에서 막 씨름판에 도착한 사람은 누구일까?
- 왼쪽 위에서 다음 시합에 나갈 씨름 선수가 있다. 누구일까?
- 씨름장 바닥에 갓과 함께 놓여 있는 것은 무엇인가?
- 부채를 들고 있는 사람은 몇 명인가?
- 왜 부채를 들고 있을까? 부채의 의미에 대해서 알아보자.
- 씨름 중인 두 사람은 신분이 다르다. 어떻게 알 수 있는가?
- 모든 사람들이 씨름하는 두 사람을 보고 있다. 혼자 다른 곳을 보는 사람은 누구인가?
- 오른쪽 밑에 있는 두 사람 중 왼쪽에 앉아 있는 사람의 손 모양이 다르다. 이유가 무엇일까?

그림을 보면서 이런 질문을 하면 아이들은 정말로 그림을 뚫어져라 본답니다. 그리고 신이 나서 그림을 요리조리 살펴보죠. 역사가 담긴 그림 속에서 여러 가지 이야기를 끌어내다 보면 어느새 아이들은 조선 정조 시대 한양 어딘가 언저리 마을의 단오 날로 슝 들어가는 기분을 만끽합니다.

이쯤에서 정답을 알아보겠습니다.

- 이 그림에 나오는 사람은 모두 몇 명인가? 22명
- 오른쪽 맨 위에서 가장 씨름판에 온 지 오래된 것 같은 사람은? 앞줄 가운데 사람입니다. 거의 비스듬히 누워 있죠. 우리가 TV를 볼때도 그렇잖아요. 장시간 시청하면 자세가 거의 누워 있듯이 말입니다.
- 오른쪽 맨 위에서 막 씨름판에 도착한 사람은 누구일까? 앞줄 맨 앞 오른쪽입니다. 흥미로운 얼굴 하며 몸을 앞으로 숙이고 흥미진진하게 보는 표정이 막 왔다는 것을 알려줍니다.
- 왼쪽 위에서 다음 시합에 나갈 씨름 선수가 있다. 누구일까? 갓을 쓰고 부채로 입을 가린 사람들 옆에 있는 앞뒤 두 사람입니다. 다른 사람들과는 달리 약간 긴장한 얼굴로 신발을 가지런히 벗어놓고 두 손을 모으고 대기하는 듯한 몸가짐입니다.
- 씨름장 바닥에 갓과 함께 놓여 있는 것은 무엇인가? 털벙거지(마부들이 씀).
- 부채를 들고 있는 사람은 몇 명인가? 4명.

- 왜 부채를 들고 있을까? 부채의 의미에 대해서 알아보자. 곧 다가올 농사철에 대비해 어른들이 젊은이들에게 더위 먹지 말라고 부채를 선물했다고 합니다.
- 씨름 중인 두 사람은 신분이 다르다. 어떻게 알 수 있는가? 가죽신과 짚신이 놓여 있는 것으로 보아 알 수 있습니다. 더불어 신분에 상관없이 함께 씨름을 즐겼다는 것도 짐작할 수 있죠.
- 모든 사람들이 씨름하는 두 사람을 보고 있다. 혼자 다른 곳을 보는 사람은 누구인가? 엿장수.
- 오른쪽 밑에 있는 두 사람 중 왼쪽에 앉아 있는 사람의 손 모양이 다르다. 이유가 무엇일까? 오른손이 왼손처럼 그려져 있습니다. 모작을 방지한 것이라는 설과 김홍도만의 특유의 익살로 자신의 그림임을 재미있게 표현한 것이라는 설이 있습니다.

실전! 연결 글쓰기 WORKSHEET

김홍도의 <씨름>을 보고 상상하여 재미있는 이야기를 지어 보세요.

_______ 초등학교 ____ 학년 _____ 반 ____________

CHAPTER 5

논리와 마음을 연결하라

첫 줄이 가장 중요합니다

글쓰기 시간이 되면 아이들은 다들 괴로운 표정입니다. 학원생들은 이제 제법 훈련이 되어 당연하게 받아들이고 쓰는 아이들이 많지만, 대부분은 여전히 첫 줄을 어떻게 써야 할지 막막해합니다.

"어떻게 쓰라고요?"

"무슨 말을 쓸지 모르겠어요."

"맨 처음 뭐라고 쓸까요?"

"첫 줄만 딱 가르쳐 주세요, 네?"

글을 쓰라고 하면 첫 줄에 대한 아이들의 알레르기가 어찌나 심한지 모릅니다. "그럼 둘째 줄부터 써라"라고 하니 "앗싸~!" 하는 아이가 있는가 하면, "엥? 어차피 그게 또 첫 줄이잖아요"라며 입술을 삐죽 대는 아이도 있습니다.

첫 줄만 나와도 글쓰기의 저항감이 확 줄어듭니다

첫 줄에 대한 힌트를 주면 웬만한 아이들은 줄줄 써 내려갑니다. 그만큼 첫 줄에 대한 압박이 엄청난 것이죠. 특히 저학년들은 집에서 엄마나 학습지 선생님과 같이 공부하는 게 습관이 되어 있기에, 첫 줄을 가이드해주면 거짓말처럼 야무지게 칸을 채워 나갑니다. 가만히 놔두면 멀뚱멀뚱 있다가, 옆에서 조곤조곤 이야기해주면 그제야 쓰기 시작합니다.

첫 줄 쓰기를 이렇게 힘들어하니 이 난제를 어떻게 풀까 고민하다가 한 가지 방법을 생각해 냈습니다. 첫 줄을 제가 제시해주고 그 뒤에 이야기를 상상해보라고 한 것입니다. 결과는 대성공이었습니다. 같은 브랜드의 같은 옷을 입더라도 사람에 따라 분위기가 완전히 다르듯, 같은 첫 문장을 제시했는데 30명이면 30개의 글이 모두 다른 내용입니다. 같은 첫 줄, 완전히 다른 이야기! 그리고 무엇보다도 글이 너무 재미있었습니다.

특히 그 글을 보면 아이들의 심리상태도 파악할 수 있어서 일석이조였습니다. 아이들은 술술 써 내려가서 좋고, 저는 훨씬 수월하게 수업함은 물론이고 제시 문장에 따라 아이들의 마음 상태를 들여다볼 수 있어 교육하기에 매우 유익하고 좋았습니다.

예를 들어 다음과 같은 첫 줄을 제시합니다.

아침에 일어나 보니 집에 아무도 없었다.

엄마에 대한 의존도가 높거나 평소 엄마의 영향력이 큰 아이들은 백이면 백 엄마를 찾거나 행방을 궁금해하며 불안해하는 내용을 이어서 씁니다. 엄마에게 전화를 걸었는데 연락이 닿지 않아 걱정된다거나, 엄마가 갔을 만한 곳을 추측하는 내용을 적습니다.

반면에 엄마의 잔소리에서 벗어나고 싶은 경우, 엄마의 존재 따위에는 관심이 없고 친구 혹은 가상의 인물과 멋진 일탈을 꿈꾸거나 나름의 모험담을 씁니다. 일상생활에 충실하고 규칙을 중요시하는 아이, 즉 모범생 캐릭터들은 그 와중에도 못다 한 숙제를 한다거나 밥을 챙겨 먹고 설거지를 하고 조용히 부모님이 오시기를 기다린다는 내용으로 채웁니다. 이처럼 글 속에 아이들의 잠재의식과 생활상이 고스란히 담깁니다.

엄마가 없는 것이 머릿속에 사이렌이 울릴 만한 상황이라면 누굴 찾을까요? 급하거나 위급한 상황에서 떠오르는 인물, 즉 누구에게 연락하느냐를 보면 아이가 엄마 다음으로 의지하는 사람을 알 수 있습니다. 한편, 평소 엄마의 잔소리가 지겨웠던 아이들은 글 속에서 엄마를 살짝 멀리, 어디 외국으로 출장 보내버리기도 한답니다. 그 내용이 얼마나 웃기고 재미있는지, 직접 읽어봐야 알 것입니다.

첫 문장에 이어지는 글로 마음을 엿보세요

여기, 임의대로 뽑은 동화책의 첫 문장을 제시해보겠습니다. 아이들과 함께 그 뒷이야기를 상상해보세요. 아이들의 마음을 합법적으로 훔쳐볼 절호의 기회입니다.

"오늘부터 여자애들하고 절교야!"

≪6월 1일 절교의 날≫ 김리리 글, 다림

오후가 되자 햇볕이 땅 속까지 내리쬐며 운동장을 뜨겁게 달구었다.

≪전교모범생≫ 장수경 글, 사계절

골짜기 아래에 농장이 세 개 있었어요.

≪멋진 여우 씨≫ 로알드 달 글, 논장

"여보, 빨리 좀 일어나 봐."

≪코끼리, 달아나다≫ 박지숙 글, 꿈꾸는 달팽이

펜실베이니아 주 히스킬리프에 있는 우드리지 사립학교는

한때 윌리엄 히스의 집이었다.

≪수상한 진흙≫ 루이스 새커 글, 창비

봄 방학이 얼추 끝나가고 있었다.

≪닭 다섯 마리가 필요한 가족≫ 박현숙 글, 뜨인돌 어린이

내 이름은 제이크 드레이크, 난 초등학교 4학년이다.

≪잘난 척쟁이 경시대회≫ 앤드루 클레멘츠 글, 국민서관

나는 지금 다니는 우리 학교로 전학을 온 지가 1년째 된다.

≪문제아≫ 박기범 글, 창비

나는 진지한 목소리로 엄마에게 말했다.

≪5학년 10반은 달라요≫ 이붕 글, 대교출판

솔뫼골 골짜기 깊이깊이 들어가면 더 들어갈 곳이 없어지는 막장에

오두막 한 채가 있습니다.

≪밥데기 죽데기≫ 권정생 글, 어린이도서연구회

자신도 모르게 마음이 치유되는 글쓰기의 힘

조용히 글을 쓰던 아이가 저를 불렀습니다.

"선생님!"

"왜?"

"저, 있잖아요. 그게요."

"그래? 왜?"

"그, 그게요. 글을 다 쓰고 나니 꼭 샤워한 것 같아요."

"샤워? 왜?"

"내가 하고 싶은 말을 다 하고 나니까 마음도 시원하고 몸도 개운해요. 샤워한 것처럼요."

글을 쓰다 보니 자신도 모르게 마음이 시원 상쾌해졌다는 아이, 제 제자가 드디어 글쓰기 치료의 효과를 경험한 것입니다.

억울한 일을 당하거나 꼭 해야 할 일을 하지 못해 마음이 상했던 기억이 누구나 있을 것입니다. 낮 동안 이런저런 일을 겪은 후 잠자리에 누워 가만히 생각하다 보면 '맞다, 그 말을 할걸! 아, 진짜 왜 그랬지?' 하고 후회할 때가 꼭 있습니다. 당황스러운 상황에서 할 말을 미처 다 못 했거나 따지지 못했을 때는 억울한 생각이 더 들어 급기야 짜증까지 나기도 합니다.

글도 그렇습니다. 마음을 실컷 다 쏟았다 해도 뭔가가 2% 부족할 때가 간혹 있습니다. 아이들에게 주제에 맞는 글을 쓰라고 할 때 저는 되도록 아이들 수준에 맞는 그들만의 언어로 제목을 내주곤 합니다. 처음에는 쉬운 주제처럼 느껴집니다. 조삼모사처럼 결국에는 배운 내용을 다시 묻는 글쓰기이기 때문입니다. 한 가지 주제에 대해 배경지식을 충분히 배우고 관련된 뉴스나 노래, 영화, 관련 책 심지어 드라마까지 언급하고 글을 쓰게 하기 때문에 글을 훨씬 쉽게 내려갑니다. 그렇게 쉽게 글이 풀리는 데다, 하고 싶은 말을 실컷 했다고 생각하니 다들 기분 좋아합니다.

그런데 어느 날, 한 아이가 정해준 분량보다 훨씬 많이 써와서는 "꼭 샤워한 것 같아요"라고 하는 것입니다. 제자의 그 말을 듣는데 소름이

돋으면서 너무 기분이 좋은 나머지 그 친구를 폭풍 칭찬을 했던 기억이 납니다. 알고 있는 또는 배웠던 내용을 생활 속에서 접목시켜 글을 쓰니 얼마나 속이 후련했겠습니까? 그리고 얼마나 뿌듯했겠습니까? 세상에 샤워를 한 것 같다니요. 몇 줄도 못 쓰던 아이가 제법 긴 분량을 쓰고 스스로 자랑스러워하는 모습은 보았었지만, 마음 상태의 변화를 느끼고 제게 그 경험을 알려준 것은 처음이었습니다. 샤워한 것 같다는 그 말에 모든 것이 함축되어 있었습니다.

글쓰기 훈련을 자꾸 하다 보면 신기한 모습을 볼 수 있습니다. 처음에는 오만상을 쓰고 글을 쓰기 시작하던 아이들이, 하고 싶은 이야기가 술술 써지니 점점 웃는 얼굴로 바뀝니다. 머릿속에서 맴돌던 말과 이야기가 글로 정리되어 나오니 자연스럽게 표정이 달라집니다. 이런 기분을 맛본 아이들은 두어 시간 책 읽거나 공부하고 글을 쓰는 그 시간을 엄청나게 기다립니다. 마치 처음 자전거를 배웠을 때, '자전거 타기의 즐거움'을 맛보고 나자 자꾸 타고 싶어지는 것과 같습니다.

자동 글쓰기의 기적

어느 주부가 심하게 우울증을 앓았습니다. 열심히 두 아들을 잘 키워서 좋은 대학교에 보내고 남편도 교수로서 명성을 얻고 있고 도저히 부족할 게 없는 상황인데도 말입니다. 일종의 빈 둥지 증후군자녀가 대학교에 진학하거나 취직, 결혼과 같은 이유로 독립하게 되었을 때 부모가 상실감과 외로움을 느끼는 현상 같은 것이었는데, 정신과 상담을 하러 가자 의사는 그 주부가 평소 좋아하던 글쓰기를 권유했다고 합니다.

그녀는 지나온 세월들을 되새기며 컴퓨터를 켜고 자기 내면의 이런 저런 속내를 매일 조금씩 써 내려갔습니다. 컴퓨터 모니터 앞에 앉아 마치 친구에게 하소연하듯 글을 쓰고 나면 '저장할까요?'하는 문구가 나옵니다. 당연히 그녀는 저장할 가치가 없다고 생각하여 저장하지 않았습니다. 그리고 그다음 날도 똑같이 컴퓨터를 켜고 주절주절 자신의 이야기를 쏟아놓은 후 마지막에 저장하지 않고 또 컴퓨터를 껐습니다. 그러기를 두어 달 했더니 글쎄 병원에 갈 필요가 없어졌다고 합니다. 우울증 증세가 사라진 것입니다.

무엇이 그녀의 마음을 낫게 해 주었을까요? 바로 글쓰기입니다. 더 정확히 말하면, 저장하지 않은 글 덕분이었습니다. 자신의 깊은 속마음을 컴퓨터에 막 쏟아붓고는, 과감히 저장하지 않고 그 마음을 날려 버렸던 것이죠. 이것이 바로 '자동 글쓰기'입니다. 자동 글쓰기를 통해 마음의 병을 치료한 이야기를 대학원 시절 교수님에게 듣고, 바로 수업 현장에 접목시켜 보았습니다.

아이들은 어른들의 생각보다 더 많은 스트레스를 받고 있습니다. 친구 관계에 관한 스트레스도 받고, 학업에 대한 스트레스 또한 만만치 않습니다. 저는 A4용지를 나눠주며 학생들에게 말했습니다.

"욕은 안 돼. 낙서도 안 된다. 자신이 하고 싶은 말이나 아니면 불만과 고민, 여러 가지 남에게 말 못 할 고민거리를 글로 자세히 써보렴."

어리둥절한 눈빛으로 종이를 받아 들었던 아이들은, 저의 설명을 듣고는 이내 이해했다는 표정으로 주어진 시간 동안 열심히 써 내려갔습니다.

이럴 때 아이들의 글 써 내려가는 속도는 평소의 속도가 아닙니다. 연필이 엄청 빨리 움직입니다. 그야말로 줄줄 써 내려갑니다. 할 말이 정말 많음을 실감합니다. 주어진 시간이 끝나면 다 쓴 글을 손으로 주욱 찢으라고 합니다. 그리고 될 수 있으면 작은 크기로 잘게 찢으라고 합니다. 이 작업은 바로 워드 프로세서에서 "저장할까요?"라는 박스가 떴을 때, '저장 안 함'을 선택하는 것과 같은 것입니다. 잘게 찢은 종이는 미리 준비해 간 검은 비닐봉지에 담게 하고 아이들 보는 앞에서 쓰레기통에 모두 버립니다.

아이들의 반응은 실로 대단합니다. "속이 후련해요", "스트레스가 확 달아나 버렸어요", "상쾌해요", "다음에 또 하고 싶어요", "말 못 할 고민이 있었는데 모두 해결된 느낌이에요" 등등 웃음을 지으며 말합니다. 이것이 바로 '글쓰기 치료'로, 쓰기를 통해 마음이 치유된 것이지요. 음악 듣기, 그림 그리기, 영화 감상뿐 아니라 글쓰기를 통해서도 상처 받은 마음을 보듬을 수 있습니다. 주로 저는 고학년을 위주로 이런 수업을 합니다. 시작할 때와 끝날 때 아이들의 표정 변화만 봐도 효과를 실감할 수 있습니다. 속사포같이 쏟아놓은 마음을 저장하지 않고 버리니 빈 공간에는 행복함이 가득 들어찹니다.

여러분의 마음은 요즘 어떤가요? 말 못 할 여러 가지 이야기들을 글로 쏟아봅시다. 이렇게 쓴 글은 저장되지 않고 버려집니다.

_______ 초등학교 ____ 학년 _____ 반 ____________

내 아이의 감정을 이해할 수 있는 공감 플랫폼

"이상해요, 선생님."

"뭐가 이상한데?"

"재미없는 수학은 일주일에 세 번씩이나 가는데, 제일 재미있는 논술 수업은 일주일에 한 번밖에 안 오는 게 이상하잖아요."

학원 제자의 말에 엄청나게 기분 좋은 마음을 꾸욱 누르고 표정 관리를 하며 다시 물었습니다.

"재미있는 이유가 뭘까?"

"음, 일단은 선생님이 우리 마음을 제일 잘 알아주잖아요."

살아가면서 늘 평온하게 제자리에만 있을 수 있다면 얼마나 좋겠습니까만은, 인생이란 게 그렇지 않습니다. 한없이 행복하다가도, 모든 게 잘 풀리고 완벽하다고 생각되다가도, 어느 날 불현듯 불안에 휩싸이기도 하고 만사가 귀찮아지기도 합니다. 주위 사람들에게 아무 이유 없이 갑자기 짜증이 나기도 합니다. '누구 하나 걸리기만 해봐라, 내 열렬히 싸워줄 테다'라는 심정이 되어 조금만 맘에 들지 않아도 시비를 걸고 싶은 그런 날도 가끔은 있습니다. 이런 감정은 우리 어른들에게만 있는 것이 아닙니다. 아이들도 모두 인간이기에, 모두가 나이에 상관없이 겪는 감정 상태입니다.

밀려드는 학원 숙제, 시험 등은 물론이고 하고 싶은 것을 못해서 받는 스트레스도 상당합니다. 매일매일 해야만 하는 숙제들이 그들을 제일 힘들게 할지도 모릅니다. 학교 교실이나 학원에 들어서는 아이의 얼굴에 힘듦이 역력하면 저는 강요하지 않습니다. 때로는 읽기 싫고, 쓰기 싫고, 말하기 싫은 그런 날이 있다는 것을 알기 때문이지요.

우리 어른들이 그냥 봐주는 날도 있어야 합니다. 반드시 해야 할 필요는 없습니다. 우리는 아이를 키우지 기계나 로봇을 키우는 것이 아닙니다. 그 짜증 나고 하기 싫은 타이밍에 교사가 어떻게 대해주는가에 따라 아이는 다른 정상적인 기분이 드는 다른 날에 더 많은 것을 말과 글로 쏟아냅니다. 융통성 없는 잣대를 들이대며 아이들을 평가하고 목표 달성이라는 미명 하에 아이를 억지로 눌러 앉히면 오히려

역효과가 납니다. 그런 날은 정해진 목표량보다 적어도 괜찮으니 기본만 하고 가자고 합니다. 그러면 오히려 미안해하며 "선생님, 이제는 괜찮아졌어요. 다시 해볼게요" 하고 마음을 다지는 아이도 있고 "그럼 오늘은 조금만 쓸게요"라며 잠시 쉬어가는 친구도 있습니다. 분명한 건 그렇게 자신들의 마음을 공감해주고 위로해주면 다음번 수업시간에는 더욱더 열심히 임한다는 것입니다. 그리고 어쩐지 이전보다 더 친해진 기분도 듭니다.

하루는 우주 쓰레기의 발생의 원인과 그 해결 방법에 대해서 공부했습니다. 이어지는 글쓰기는 당연히 공부 내용과 직결되는 것이겠지요. 하지만 저는 '요즘 아이들의 혐오 대상은 무엇일까'가 문득 궁금해졌습니다. 사회현상에 대해서는 무관심한 듯한 그들의 마음을 끄집어내고 싶었습니다.

아이들에게 관심받기 힘든 어려운 주제를 다룰 때면 고민이 되곤 합니다. 사회 제반 문제나 관념적인 주제 등에 관한 아이들의 반응은 시크 그 자체입니다. 그럴 때면 종종 그날의 공부 내용에서 연상 과정을 거쳐 조금은 다른 글쓰기 주제를 내주기도 합니다. 그날은 우주 쓰레기 문제를 배운 후였기에 '쓰레기 같은 인간들'에 대해 써보기로 했습니다.

엄마 차 타고 학원을 오가고 시간만 나면 게임 이야기를 하느라 어른들 말은 귓등으로 듣는 줄 알았더니, 조금은 과격한 글쓰기의 제목에 아이들의 표정에는 어느새 흥미가 가득합니다. 곧 제가 제일 좋아라 하는 연필 사각 거리는 소리만이 교실의 적막을 깨고 있었습니다. 한 바닥 가득 채워쓴 아이들의 글 속에는 기성세대로서 반성해야 할 일들이 많았습니다. 표현이 서투르고 말할 기회가 없었을 뿐, 어찌나 많은 종류의 쓰레기들을 고발하는지 모릅니다. 잘못된 행동을 교정하는 것을 쓰레기 분리수거에 비유한 글도 있었는데, 그 글의 발표가 끝남과 동시에 저와 그 반 학생들 모두 박수로 화답했습니다. 아이들의 눈에 비친 어른들의 쓰레기 같은 모습은 어떤 것이 있는지 궁금하시죠? 일상 속 소소한 잘못부터 국제 관계 이야기까지 나오는 것을 보고 '아이들도 다 보고 듣고 알고 느끼고 있다'는 걸 실감했습니다.

가끔은 이렇게 아이들에게 융통성을 발휘해야 합니다. 오로지 학습 목표만을 위해 아이들을 단단히 붙잡고 끌고 가기만 할 것이 아니라, 아이들이 주변을 둘러보며 재미있는 이야기와 생각을 할 시간을 주는 것이 필요합니다. 글쓰기로 스트레스를 풀 여유도 주면 좋겠지요.

다시 처음 이야기로 돌아가서, 아이들도 스트레스받는 일상 속에서 가끔 하늘을 볼 시간, 바다 파도 소리를 들을 기회, 도심 속이지만 나무 사이로 지나가는 바람소리도 듣는 그런 날이 필요합니다. 이 사실을 인정하고 그에 관해 공감해준다면, 아이들은 '글'이라는 공감 플랫폼에서 부모님 그리고 선생님과 즐겁게 마주할 것입니다.

아이의 마음에 주파수를 맞춰주세요

식당에 갔는데 바로 옆 자리에 모녀가 앉아 있었습니다. 아이가 열심히 이야기를 하는데 엄마는 듣는 둥 마는 둥 건성으로 대답하며 핸드폰에서 눈을 떼지 못하고 있었습니다. 안쓰러운 마음에 무슨 이야기를 하는지 슬쩍 엿들으니 학교 급식 시간에 밥을 깨끗이 먹어서 선생님으로부터 칭찬을 받아 기분이 좋아졌다는 것, 학원 선생님이 지금 입고 있는 원피스가 잘 어울린다고 해주셨다는 것입니다. 이렇게 미주알고주알 쉴 새 없이 이야기하는 아이 앞에서 엄마는 맞장구는커녕 영혼 없는 "그래"만 반복하다가 마침내는 "여기 놀이방 있잖아, 거기 가서 놀아"라고 합니다. 주파수가 맞지 않았던 모녀의 짧은 대화를 듣고 나오는 발걸음은 무거웠고 마음이 뭔가 찜찜했습니다.

독자 여러분은 무엇이 문제인지를 금방 인지했을 것입니다. 그렇습니다. 밥을 같이 먹으며 대화를 할 수 있는 절호의 기회를 엄마는 놓쳐버린 듯합니다. 딸이 칭찬받은 것에 기뻐하며 이야기하는데 공감하기는커녕 인심 쓰듯이 "가서 놀아"라고 마무리 짓는 장면이 매우 씁쓸하지요. 공감의 말 한마디가 너무나도 아쉬운 상황이었습니다.

그런데 사실 이런 일은 아이와 어른 사이에 생각보다 빈번하게 일어납니다. 부모나 교사는 정말 바빠서, 또는 다른 생각할 거리가 있어서 제대로 대답을 못한 등 사정이 있을지 모르지만 아이 입장에서는 실망스러운 상황이 아닐 수 없습니다.

저는 이런 일을 방지하기 위해 아이들의 마음 상태에 항상 신경 쓰며, 작은 외모적인 변화 하나에도 반응을 보입니다. 야구경기나 축구경기가 있었던 날에는 결과를 묻고, 시험을 쳤으면 어땠는지 물어보고, 오늘 뭘 먹었는지 급식 메뉴도 물어봅니다. 헤어스타일의 변화도 먼저 알아보고 반응합니다. 특히 여학생들은 외모적인 것은 물론이고 좋아하는 가수 콘서트에 다녀온 이야기, 핫 플레이스에 다녀온 이야기 등등 함께 나눌 만한 이야깃거리가 제법 많습니다. 이렇게 알아주는 척을 하면 어떤 아이들은 머쓱해하면서도 행복해하고, 어떤 아이들은 그날 이야기 꾸러미가 풀리기도 합니다. 가정에서도 꾸준히 시도한다면, 닫혔던 사춘기 아이의 방문과 함께 말문이 열리는 기적을 경험할 수 있을 것입니다.

아이들의 관심사를 알고 그들의 마음을 얻으면 수업은 참으로 수월해집니다. 저도 신이 나서 수업시간 내내 고무되어 온갖 예를 다 들어가며 열정을 쏟아냅니다. 그러니 이상하다고 하는 것입니다. 다른 학원에 가면 시간이 너무 느리게 가는데, 논술 수업만큼은 시간이 빨리 지나가서 아쉽다고 말합니다. 제 자랑을 하려는 것이 아닙니다. 아이들도 어른과 똑같은 인격체로 대우해주며, 힘들 때는 위로해주고 기뻐하면 함께 기뻐해주는 등 하나의 인간으로서 교감해주면 말도 더 많이 하고 글도 더 잘 쓰더라는 것입니다. 강요받는 것만큼 비참한 일은 없는 것 같습니다. 관심에 귀 기울이고 설명해주고 데려다주세요. 보여주고 설득시키면, 신기하게도 관심 가진 것들에 관해 다양한 글로 풀어냅니다. 아이들의 관심사에 조용히 손 내밀어 보십시오. 우리 아이들은 덥석 하고 잡아줄 준비가 되어 있을 것입니다.

실전!
연결 글쓰기
WORKSHEET

내가 싫어하는 것을 적어봅니다. 그리고 왜 싫어하는지 이유도 함께 적어보세요. 또는 마음이 속상하고 슬펐던 일을 일기처럼 써보세요.

_______ 초등학교 ____ 학년 _____반 ____________

읽은 것은 거짓말을 하지만
쓰는 것은 거짓말을
하지 않습니다

관심을 끌 미끼가 필요합니다. 계속 반복하는 이야기이지만 아무리 강조해도 지나치지 않아 자꾸만 이야기하게 되는 것 같습니다. 관심을 가지고 바라보고, 연결 지어 생각하고, 연결 지어 읽다 보면, 연결 지어 쓰게 됩니다. 이것이 제 수업의 방식이고 아주 오랫동안 시도해본 여러 방법 중 단연코 학습 효과 1위입니다. 문제는 이 '연결 짓기'를 위해서는 관심을 끌어야 한다는 것입니다.

길거리의 가게들도 가격이 저렴한 것이나 기획 상품들을 내놓고 호기심을 유발시키며 눈길을 끕니다. 그러면 무엇인가에 이끌리듯이 그 가게 문을 열고 들어가 뜻하지 않은 쇼핑을 하고 나오죠. 낚시에서는 떡밥이라는 미끼를 통해 물고기들을 유인합니다.

출강하는 학교 교과 수업을 할 때면 저는 그날 배울 주제와 관련해 아이들의 관심을 끌 만한 신변잡기적인 이야기부터 시작합니다. 그렇게 도입 5분 안에 눈과 귀, 마음까지 사로잡아야 합니다. 이를 위해 제 레이더는 항상 화두가 되는 아이들의 최애 관심사를 향해 있습니다. 그들의 관심사를 찾아 첫마디를 내뱉으면 꼼지락거리던 손과 발이 멈추고, 눈동자들이 저를 향합니다. 아이들은 스토리를 좋아합니다. 더군다나 그 스토리가 자기들과 연결되어 있으면 더 말할 필요가 없겠지요. 비로소 몸을 앞으로 당기면서 마음의 문을 엽니다. 이렇게 아이들이 너 나 할 것 없이 자세를 고쳐 앉으면, 휴~! 성공입니다.

학원은 또 다릅니다. 다시 말씀드리면, 저도 학생들과 마찬가지로 오전에는 학교에서, 오후에는 학원에서 시간을 보냅니다. 물론 배우는 자와 가르치는 자로 그 위치는 다르지만, 여하튼 같은 장소에서 생활하니 요즘 말로 동선이 같습니다. 일상의 코스가 이처럼 똑같으니 어찌 보면 동병상련이라 하겠습니다. 자칫 지루하고 힘들기 그지없는 학원에서 아이들의 관심을 끌 미끼가 필요합니다.

아이들의 관심을 끌 미끼를 만들어라

제가 학원에서 사용하는 미끼를 잠시 소개하겠습니다. 먼저 많은 학원에서 시행하고 있는 포인트 제도가 있습니다. 저는 '스티커'라 부르는데, 교재에 스티커 판을 붙여서 스티커를 모으는 방식입니다. 매일 출석하는 것, 와서 책을 읽는 것, 수업시간에 허튼 행동하지 않고 적극적으로 참여를 잘하는 것 등은 모두 스티커를 받는 방법입니다. 제일 스티커를 많이 받을 수 있는 건 글쓰기를 할 때입니다. 잘할 때마다 제게서 받은 스티커를 스스로 다시 한 번 체크하게 합니다.

이처럼 정적 강화의 수단으로 스티커 제도를 도입하여 최대한 활용합니다. 학교가 아닌 자율적인 등원이다 보니 본인 상황에 따라 결석도 잦은데, 구성원들이 다 출석하여도 스티커를 줍니다. 그러면 아이들은 스티커를 받기 위해서라도 같이 공부하는 친구가 오는지 안 오는지 관심을 가집니다. 특히 외동인 아이들은 타인에게 관심이 좀 덜한 경우가 많은데, 이 제도는 모임의 다른 구성원들에게 신경을 쓰게 하는 효과도 있습니다.

참, 글쓰기보다도 스티커를 더 많이 받는 경우가 있군요. 그건 바로 우리 학원에 친구나 동생, 형제자매 등을 데려와 소개할 때입니다. 수업에 재미를 느낀 친구들은 또 이 재미로 친구나 형제들을 데리고 옵니다. 물론 스티커를 받기 위해서가 아니라, 이 재미있는 걸 친한 친구와 함께하고 싶어서 데려왔다고 말합니다. 좋은 것을 보고 먹으면 사랑하는 사람이 생각나는 것과 같은 이치인 것 같습니다.

1년에 4회, 즉 3개월마다 이렇게 모은 스티커로 일명 '스티커 파티'를 합니다. 파티는 주로 학교에 가지 않는 토요일에 열립니다. 우선 음식을 준비합니다. 아이들이 제일 좋아하는 김밥과 떡볶이를 직접 준비하고, 아이들이 좋아할 만한 핫한 문구류를 도매시장에서 한 가득 사놓습니다. 그전에 장기 자랑 접수도 받지요.

이렇게 먹거리와 볼거리와 놀 거리, 그리고 쇼핑 거리가 있으면 충분히 잔치 분위기가 될 수 있습니다. 장기 자랑은 특히 볼 만합니다. 논술학원이라 읽고 쓰고 말하기 능력에 비춰 편협된 시각으로 아이들을 바라보기 쉬운데, 장기 자랑 시간이면 우리 제자들의 뜻밖의 재능들을 만나게 됩니다. 우쿨렐레를 연주하고 마술을 하고 독창을 하고 춤을 추고 리코더를 연주하고 바이올린을 켜고 '사랑가'를 부르고 합심하여 플루트를 연주하는 모습을 보면 아이들이 새롭게 보이고 그들의 다재다능함과 그간 기울였을 노력이 떠올라 한없이 자랑스럽습니다. 분기마다 있는 이 스티커 파티를 위해 아이들은 글을 쓰고 조리 있게 말하고 열심히 정답을 찾고 결석하지 않고 마음을 쏟습니다. 그러다 보니 실력도 자라는 덤보너스이 생겨버렸습니다.

한편, 여름 방학이면 1박 2일 '독서캠프'를 개최합니다. 방학은 흔히 엄마들의 개학이라 표현할 만큼 부모가 챙겨야 할 것이 많습니다. 이럴 때 독서캠프는 가뭄의 단비와도 같습니다. 다른 학생들을 만나는 기회가 되기도 하고 평소 수업시간에 하지 못했던 긴 시간을 투자해야 하는 감동의 영화를 보며 메시지를 찾고 집중하여 몰입 독서도 해봅니다. 동화작가님과 만나서 이야기를 나누고 그 동화책의 배경 이야기도 들어보고 작가 사인까지 받고 나면, 학원에 있던 동화책은 더 이상 그냥 동화책이 아닙니다. 직접 만나서 사인까지 받은 내가 아는 작가의 책으로 다가옵니다. 미술 선생님과 함께 꿈을 구체화하여 그리고 발표하기도 합니다. 색다른 경험에 모두들 행복해합니다.

겨울방학이 됩니다. 계절의 특정상 여름방학의 동적인 프로그램보다 정적인 프로그램이 제격입니다. 독서 마라톤은 출강하는 학교에서 하는 독서 장려 프로그램인데, 저도 이 프로그램을 학기 중에는 실시하지 않고 겨울방학과 봄방학 때 실시합니다. 주어진 양식에 따라 읽은 책을 기재하고 페이지를 기록하여 일정 페이지에 도달하면 됩니다. 요즘은 지방자치단체나 도서관에서 일반화된 프로그램이기도 합니다. 그래도 동기부여가 되어 열심히 읽어냅니다. 마감 기간이 끝나고 완주증과 함께 상품을 받을 때면 학원 문을 여는 순간부터 이미 어깨에 뽕이 하나 들어가 있습니다.

"선생님, 오늘 독서마라톤 시상식 맞죠? 우리는 오늘 외식이에요. 왜냐하면 엄마 아빠가 상장 한 개씩 받아오면 외식하기로 했거든요."

"그래? 그럼 선생님이 상장 준 거니까 나도 가도 될까?"

"네? (난감해하며) 그럼 엄마한테 물어볼게요."

싱거운 논술 선생님의 예능을 다큐로 받아들이는 진지한 제자들입니다.

기간을 정한 미션에 대한 보상은 그 효과가 매우 큽니다. 하루도 허투루 보내지 않고 계획한 교육과정에 알맞은 여러 행사와 알찬 수업으로 아이들은 쑥쑥 자라납니다. 콩나물을 키워본 적이 있나요? 그냥 물을 흘려보낸 것 같은데 콩나물이 자라나는 것처럼, 우리 아이들의 수업과 결과도 그리 되기를 바라는 마음으로 하루하루를 보내고 있습니다.

놀라운 변화는 쓰기에서부터 시작됩니다

그런데 말입니다. 때로는 이 상장을 꼭 받고 싶고, 그에 따른 선물을 받고 싶어서 아주 가끔씩 아이들은 거짓말도 합니다. 읽은 날짜와 페이지 수를 보면 도저히 불가능한 정도를 적어옵니다. 마치 어린아이가 숨바꼭질을 할 때 머리만 숨기고 엉덩이는 치켜든 채 숨었다고 이야기하는 것과 똑같은 상황입니다. 그럴 때면 선생님이 이미 알고 있다는 눈치를 슬쩍 주면 그다음부터는 정직하게 다시 적어옵니다.

2019년 겨울 방학 독서 마라톤 때였습니다. 학원에 등원한 지 얼마 되지 않은 친구라 아이의 성향을 제대로 알지는 못했으나, 워낙 밝고 학습능력이 잘 갖추어져 있는 학생이 있었습니다. 수업시간에도 즐겁게 임했고 독서 마라톤 미션 수행도 완수해냈습니다. 기특하다는 생각과 함께 완주증과 상품권을 기분 좋게 주었는데, 그날 저녁 엄마 핸드폰을 이용해 아이가 장문의 문자를 보내왔습니다. 사실 자신은 독서 마라톤에 요구하는 페이지를 다 수행하지 못했으며, 상품을 받고 싶어 거짓말을 했으니 용서해달라는 문자였습니다. 그리고 뒤이어 어머니의 문자도 도착했습니다. 엄마가 아이의 거짓말을 알고 반성의 기회를 주었던 것입니다. 어머니의 올바른 교육관에 감동을 받았습니다. 용기 있게 말해준 그 제자도 대견했습니다.

며칠 후, 되돌려 받은 완주증과 상품권을 받아 들고 한참을 멍하니 서있었던 기억이 떠오릅니다. '읽은 것을 말과 글로 확인하는 절차가 빠지고 욕심이 들어가면 이런 부작용이 생길 수 있겠구나' 하고 생각했습니다.

읽은 척은 할 수 있지만 쓴 척은 하기 어렵습니다. 억지로 자신의 마음을 숨기더라도 글의 어딘가에서는 글쓴이의 내면이 표출됩니다. 일례로 이번에 이 원고를 막 처음 쓰기 시작한 때는 대구에서 코로나 19로 인해 모든 일상이 올스톱된 시기였습니다. 저 또한 생활 전반이 일시 정지된 상태에서 원고를 쓰기 시작했습니다.

송충이는 솔잎을 먹고살아야 한다는 말이 있듯, 가르치던 사람이 아이들을 만나지 못하니 일종의 마음 쇼크 상태에 빠져 한동안 회복되지 않았습니다. 아이들이 있는 현장에서 북적이며 썼던 전작의 원고와, 우울과 충격에 빠진 마음 상태에서 쓴 원고는 완전히 달랐습니다. 애써 마음 가다듬고 써 내려간 그 원고를 미리 엿본 편집장이 변화를 귀신같이 알아채더군요. 글이 왠지 차분해져서, 이전의 글과는 좀 다르다고요. 저는 적잖이 놀랐습니다. 제가 제자들에게 "얘들아, 글 속에 너희들의 마음이 있고 글 속에 너희 현재 상태가 훤히 보이고 글 속에서 너희들의 평소 생활과 감정 상태, 즉 오만 거 때만 거 다 보인단다" 이렇게 점쟁이 같은 말을 자신 있게 해 놓고서는 저도 제 마음을 편집장에게 딱 들키고 만 것입니다.

글쓰기는 거짓말을 못합니다. 읽은 것은 살짝 대충 읽고 실감 나게 양념을 쳐서 맛깔나게 이야기하여 꼭 읽은 것처럼 꾸밀 수 있습니다. 그러나 글쓰기로 타인을 속이기란 여간 어렵지 않은 것 같습니다. 이 진실된 작업 과정에서 아이들은 가치관이 정립되고 생각을 정리하게 되고 미래 사회에 대해 예측하고 자신들이 무엇을 해야 할지 그 해결 방법을 찾게 됩니다. 이 성숙한 작업에 노출되면 아이들에게는 놀라운 변화가 일어납니다.

다시 말씀드립니다. 읽은 것은 거짓말 하나 쓰는 것은 거짓말을 못 합니다.

형식에 맞는 글을 쓰게 하는 비법

여러 가지 공부 주제에 관해 가르치다 보면 유독 아이들의 눈빛을 빛나게 하는 것이 무엇인지 알게 됩니다. 심드렁한 눈빛을 반짝반짝, 아이들의 관심을 끄는 주제들의 공통점은 바로 아이들의 생활과 밀접한 것입니다. 예를 들면 '초등학생들의 이성 교제에 대해서 어떻게 생각하나요?'라는 질문을 주고 글쓰기를 하면 아주 적극적으로 임하며 참으로 즐겁게 쓰는 것이 눈에 보입니다. 다른 시사적인 주제에 대해서 의견을 물어보면 '할 말이 없다', '관심 밖이다', '선택장애라서 내 의견을 내세우기 힘들다'고 하며 엄살을 부리는 것과는 완전히 반대되는 모습입니다.

여러 갈래들의 글 종류 중 자기주장을 나타내는 글은 대개 형식이 세워져 있습니다. 도입서론 부분에서는 무엇이 문제인지를 파악하게끔 하는 것이 중요합니다. 명언이나 격언 등을 인용해서 시선을 끌어 그 주제에 대한 관심을 가지게 해야 합니다. 용어를 정의하고, 사회현상에 대해서 설명하면서 다음 내용에 대한 힌트를 주기도 합니다. 이렇게 해서 주제와 관련된 생각을 이끌어내는 것입니다.

다음은 본론전개입니다. 문제의 원인에 대한 해결책을 제시하고 그 주장을 뒷받침할 수 있는 구체적인 예시를 들어줍니다. 또, 다른 의견에 대한 반론을 제기하기도 합니다.

마지막으로 결론정리 부분에서는 서론에서 제시한 문제에 대한 답을 제시하며 본론 부분을 간략하게 요약합니다. 그리고 앞으로의 과제나 전망으로 마무리합니다.

말로 하면 간단하지만 이런 형식과 내용으로 한 편의 글을 완성하기란 초등학생에게 솔직히 그리 쉬운 일만은 아닙니다. 다른 어려운 주제를 주면 온몸을 비틀지만, 앞서 이야기했듯이 관심 주제들에 관해 생각을 나누면 이야기들이 풍성해집니다. 쓸 말이 많아지니 쓰기가 훨씬 수월해집니다.

저는 글의 양이 나중에 좋은 양질의 글로 바뀐다고 믿는 사람입니다. 일단은 편하게 많이 쓰라고 이야기합니다. 문제는 엉뚱한 곳에서

터집니다. 주장하는 바가 일관적이어야 하는데 서론 부분에서는 예를 들어 초등학생의 이성교제에 대해서 찬성한다며 남을 배려하는 마음도 배우고 이성교제를 통해 나와 다른 사람에 대한 이해를 할 수 있다며 잘 써 내려가다가, 마지막 결론 부분에서는 그래도 엄마 아빠가 싫어하니 초등학생 때는 안 사귀는 것이 좋고 공부하는 데 방해가 되어 반대의 뜻을 표하고 맙니다. 찬성하든 반대하든 예시와 근거를 통해 일관적으로 의견을 주장하는 것이 중요한데 쓰다 보면 삼천포로 빠지는 것입니다. 아니, 처음에 말한 것과 완전히 다른 결론으로 마무리하고 맙니다.

이런 경우, 제가 사용하는 저만의 그림 솔루션이 있습니다 바로 햄버거 그림입니다. 햄버거는 양쪽 바깥에는 빵이 주재료입니다. 그 안에는 고기를 비롯해서 다양한 패티가 들어 있고 그 맛을 감칠맛 나게 하는 것은 각종 소스들입니다. 햄버거의 앞뒤가 똑같은 빵인 것처럼, 서론에서 제시하는 내용과 결론에서 마무리 지어 제시하는 답이 같아야 한다는 것입니다. 빵 사이에 고기, 양상추, 토마토 등은 문제에 대한 해결책이고 구체적인 예시가 되고 근거가 되는 것입니다. 소스들은 감칠맛 나는 문장을 구사하는 것입니다. 칠판에다 이 햄버거의 구조를 설명하고 주장하는 글과 연결시켜 '시각화'시켜 주면 그야말로 아이들은 "아~하" 하며 깨닫습니다. 처음부터 햄버거의 구조를 설명하는 것이 아니라, 한두 번의 실패를 경험한 후 그 오류들을 어떻게 고칠 것인가에 대한 이야기를 나누면서 햄버거 구조를 시각화하면 효과는 배가 됩니다. 이 그림을 항상 생각하고 글을 쓰게 하면 더 이상 이리저리 왔다 갔다 횡설수설하지 않을 겁니다. 한 번 시도해보기를 강력히 추천하는 바입니다. 덤으로 아이들이 좋아하는 햄버거의 종류도 알게 됩니다.

꽃잎 처방전

엄마들은 아이의 일기를 지도하면서 비로소 내 아이의 수준을 알게 되는 경우가 많습니다. 처음에는 웃으면서 일상을 즐겁게 나눕니다. 그리고는 쓸 거리를 무척 많이 제공해주는데 그럼에도 단문의 짧디 짧은 일기가 돌아오면 엄마들의 실망은 극에 달합니다. 예를 들어 즐거운 가족 여행 후, 엄마는 아이의 일기에서 여행의 소감을 잔뜩 기대하지만 정작 아이들이 쓰는 일기는 이런 식입니다.

'고속도로를 가다가 잠이 들었다. 일어나라고 해서 휴게소에서 간식을 사 먹고 화장실도 다녀왔다. 드디어 도착해서 바닷가에서 좀 놀다가 다시 집으로 돌아왔다, 오늘은 참 재미있었다. 다음에 또 오면 너무 좋겠다.'

'오늘도 학원에 갔다. 영어단어 재시험에 걸려서 기분이 안 좋았다.

다음에는 안 걸려야겠다.'

'토요일이라서 마트에 갔다. 내가 제일 좋아하는 오렌지를 사주셨다. 너무 맛있었다. 다음에 또 오면 좋겠다.'

이런 일기장의 글을 보면 내 아이의 일기장이 어디 잠시 도난당했다 돌아온 건가 싶기도 합니다. 얼마나 특별한 경험을 했는데 이런 단순함이라니, 믿을 수가 없죠. 그렇게 많이 캠핑도 같이 가고, 해외여행도 자주 가고, 책도 사 읽히고, 영화도 많이 보여줬건만 아이들은 '다음에 또 와야겠다'는 식의 단순한 마무리로 일관합니다.

반대로 일기장 한 바닥 남짓한 글을 다 썼다고 좋아라 했는데, 천천히 읽다 보니 한두 문장만으로 구성되어 있어 황당하기도 합니다. 읽다가 숨을 못 쉴 판입니다. 무엇 무엇을 했고 그래서 뭐 하였고 그래서 뭐를 먹고 봤는데 그래서 좀 재미가 있었다는 것을 한 문장으로 늘여 쓰고 맙니다. 참으로 극과 극입니다. 지나치게 짧거나 아니면 지나치게 길거나.

아이들의 일기와 관련해서는 이런 처방전을 내리고 싶습니다. 우선 꽃잎을 그려 보게 합니다. 가운데 원을 그리고 원을 둘러싼 꽃잎 6~7장을 그립니다. 그날의 있었던 일 중 가장 기억나는 핵심의 일들을 가운데 원에다 짧은 단어로 적게 합니다. 그리고 거기에 파생되었던 일들을 간단한 단어로 각각의 꽃잎에 씁니다. 예를 들어 가족 여행으로 할머니 댁을 방문했던 일을 쓴다면 가운데 원에는 '할머니 댁'을 적고 나머지 기억나고 보고 듣고 느꼈던 감정들을 꽃잎마다 하나씩 단어로 표현합니다. 그렇게 완성된 꽃잎을 보고, 그 순서대로 쓴다면 글도 풍성해질뿐더러 경험들을 놓치지 않고 다 쓸 수 있습니다. 앞에서 햄버거를 시각화한 것처럼 꽃잎 위에 필요한 키워드를 미리 적고 글을 쓰면 놓치는 일이 없이 핵심을 잘 적을 수 있어서 좋습니다. 글의 흐름도 훨씬 자연스럽습니다. 그러면 지나치게 짧아지지 않고 지나치게 긴 문장으로 쓰지도 않습니다.

아이들이 잘 쓰게끔, 그리고 많이 쓰게끔 이끌어주세요. 주장을 잘 제시하고, 머릿속 생각을 외부로 표현해내고, 실감 나고 심지어 재미있기까지 한 글을 쓰도록 도와주세요. 아이들의 언어와 통통 튀는 생각이 살아 숨 쉬는 싱싱한 글을 쓰게 하는 데는 뭐니 뭐니 해도 허용적인 분위기와 끊임없는 긍정적 메시지가 필요합니다. 더불어 엄마 아빠의 큰 인내는 물론이고요. 햄버거 그림과 꽃잎 처방전만으로도 그 험난한 여정에서 원하는 목표를 향해 다가가는 데 제법 도움이 될 것입니다.

CHAPTER 6

재미만점 글쓰기로 아이들은 이렇게 바뀝니다

쓰기 싫어하던 아이들이 저마다 작가로 변신합니다

살다 보니 어느 때부터인가 상상력 제로, 모험심 마이너스, 걱정 근심 플러스가 되어 버렸습니다. 한 날은 영화 <알라딘>에서 자스민 공주와 알라딘이 양탄자를 타고 하늘을 나는 장면을 보다 나도 모르게 '앗, 저런! 안전장치도 없이 너무 위험하겠는걸' 생각하는 자신을 발견하곤 심히 실망했습니다. 주인공들의 신나는 모습을 보며 대체 왜 그런 노파심부터 들었는지 모르겠습니다. 이렇게 나이가 들면서 점점 더 호기심이 사라지는 듯하고 상상의 나래를 쉽게 펼치지 못하는 상황에 이르자 아이들을 가르치는 입장에서 이러면 안 된다, 아직은 철이 들어서는 안 된다 하며 마음을 다 잡은 적도 있습니다.

우리 아이들이 읽는 동화책의 배경은 땅 위와 땅 속을 가리지 않고, 시대를 거스르기도 하며, 심지어 게임 속 세상이기도 합니다. 일상의 무료함을 뒤로하고 재미있고 신나는 모험의 연속이죠. 그런데 제가 초등학생 전 학년을 교육하면서 깨달은 사실이 있습니다. 이런 상상력을 쏟아붓는 학년이 따로 있다는 것입니다. 1, 2학년은 아직 현실 감각이 없어 이야기를 짓는 것이 무리인데 비해 3, 4학년은 참으로 탁월하고 재미있게 꾸밉니다. 그러다 5, 6학년쯤 되면 이런 주제는 살짝 흥미 없어합니다. 그래서 글을 쓰게 할 때 학년에 맞는 주제를 주는 것이 아주 중요합니다.

크기와 장소를 변화시키면 이야기가 나옵니다

예를 들어보겠습니다. 이런 이야기를 꾸미기 위한 전제조건은 바로 '크기와 장소의 변화'입니다. 루이스 캐럴의 ≪이상한 나라의 앨리스≫에서 주인공 앨리스는 토끼를 따라 동굴로 들어갔다가 그야말로 이상한 나라 속에 빠집니다. 엄청나게 커지기도 하고 작아지기도 하고, 각종 희귀한 동물들을 만나기도 합니다. 결말은 언니 옆에서 꿈을 꾼 것이었지만, 동화를 읽고 나면 한참 동안 그 꿈의 내용을 되씹어보게 됩니다.

19세기에 나온 이 동화가 지금까지 사랑받는 이유는 글 속에 교훈이 없기 때문이라고 합니다. 주인공이 커졌다 작아지기를 반복해도, 여왕이 이유 없이 포악하고 사납게 구는 것도, 토끼가 이리저리 맥락 없이 계속 나오는 것도 특별한 게 아닙니다. 아이들 말대로 아무런 이유 없이 "그냥, 그냥"입니다. '착하게 살아야 된단다. 그래야지 복을 받는단다'는 식의 정해진 결론을 내는 작품이 아닙니다. 그냥 아이들 생각의 흐름처럼, 이리저리 이상하게 생긴 동물들을 만나며 돌아다니는 이야기입니다.

제가 출강하는 학교의 3학년 교재에는 이 작품이 수록되어 있습니다. 그래서 3학년들과 늘 하는 작업이 있는데, 그것은 바로 ≪이상한 나라의 앨리스≫ 대신 <이상한 나라의 □□□>으로 글을 꾸며 보게 하는 것입니다.

이야기 짓기의 결과가 어떤 줄 아십니까? 어찌나 재미있는지 혼자 보기가 아까워 당장 작품 모음집이라도 만들어주고 싶을 정도입니다. 원작보다 더 재미있는 작품이 나옵니다. 평소 장난이 심하거나 싱거운 소리를 잘하는 친구들이 두각을 나타내는 단원이기도 합니다. 이야기를 잘 만든 자신이 대견스러웠는지 친구들 앞에서 자기 작품을 읽어 달라며 강력한 로비(?)가 들어오기도 합니다. 그만큼 자기가 쓴 글에 자신이 있다는 뜻이겠죠? 크기와 장소를 바꾸니 아이들의 상상 속에서 벌어지는 일들은 저마다 상상을 뛰어넘습니다. 발상의 전환이 이뤄진 것이지요.

일상적 경험을 상상력으로 확장시키는 이야기의 힘

저는 딸아이 하나를 키우고 있습니다. 한 번씩 훈육할 일이 있으면 남편과 저, 둘 중 한 명은 침묵하거나 편을 들어줘야 하는데 이야기하다 보면 어느덧 둘이서 하나를 두고 온갖 잔소리 융단 폭격을 가할 때가 있습니다. 혼내는 도중 마음속으로는 '이건 아니지' 싶은데도 이미 말을 내뱉고 있습니다. 그렇게 중간에 멈출 수 없는 지경에 이르고 맙니다. 그 지옥 같은 상황이 끝나고 나면 얼마나 미안한 마음이 드는지요. 내가 우리 딸한테 어떻게 했나 싶기도 하고요. 저희 딸이 말은 안 했지만, 속으론 둘이서 혼자뿐인 자기를 공격한다고 생각했을 겁니다.

지금 소개할 친구도 그렇게 생각합니다. 덩치 큰 아빠와 엄마, 둘이서 혼자인 데다 자그마한 자신을 공동으로 공격한다고 생각합니다. 급기야 자신은 부모의 말을 잘 듣는데 엄마 아빠가 자신의 말을 잘 듣지 않아 고민에 빠지고, 이를 해결하기 위해 요정에게 도움을 구합니다. 바로 미하엘 엔데의 ≪마법의 설탕 두 조각≫이라는 책입니다.

주인공 렝켄은 요정에게서 설탕 두 조각을 얻는데요, 부모님이 자기 마음에 들지 않는 행동을 하면 엄마 아빠의 찻잔 속에 그 마법 설탕을 넣습니다. 그렇게 해서 키가 184센티미터나 되는 아빠는 11.5센티미터가 되고 엄마는 10.5센티미터로 줄어들고 맙니다. 그로 인해 정말 행복할 줄 알았던 렝켄. 그러나 의도치 않게 손가락을 다치고, 친구의 고양이에게 밟힐 뻔한 부모님을 보고, 게다가 밤에도 엄마 아빠를 지키며 자야 하는 순간을 겪으며 렝켄은 부모님이 다시 원래의 크기로 돌아오게 하는 마법을 택합니다.

화가들도 이런 상상을 하나 봅니다. 초현실주의 화가들은 작품 속에서 늘 그 자리에 있다고 생각되는 사물의 위치를 옮기고, 기존 사물 크기의 패러다임을 완전히 바꾸곤 합니다. 그 같은 그림을 보여주면 아이들의 입에서는 저절로 함성이 터져 나옵니다. 현실에 갇혀 있는 우리의 상상력을 비웃기라도 하듯, 기발하고 창조적인 그림이 많이 있습니다. 그림들을 감상한 후 방금 소개한 동화≪마법의 설탕 두 조각≫를 읽고, 세상 보는 시각을 달리하여 작품을 쓰게 하면 거짓말 안 하고 아이들은 본 것과 들은 것, 읽은 것을 총동원시켜 멋진 작품을 만들어냅니다. 이렇게 하여 일명 '동화작가 놀이'에 푹 빠지면 사뭇 진지한 표정과 모습을 보입니다.

"작가님~, 지금부터 작품을 써주세요!"

저의 요청에 아이들은 씩 웃으며 마법에 걸린 듯 연필을 집어 듭니다. 우리 어른들에게 남은 일은 어린이 작가님들의 작품 활동을 지켜보는 것뿐! 아참, 멋진 작품에 대한 리액션 일발 장착해두는 것도 잊지 마세요.

실전! 연결 글쓰기
WORKSHEET

동화작가가 되어 크기와 장소를 변화시켜 <이상한 나라의 □□□> 또는 자유 제목으로 재미있게 이야기를 꾸며보세요. 여러분이 쓴 책은 베스트셀러가 될 것입니다.

________ 초등학교 ____ 학년 _____ 반 ______________

스스로 사고하고 알아서 척척 글을 써온답니다

"선생님! 오늘 수업 마치고 어디 가는지 알아요?"

"아니, 왜? 안물 안궁, 흐흐흐."

"아~, 진짜. 우리 가족끼리 영화 보러 가요. 드디어 내가 좋아하는 영화 2탄이 나왔어요."

"재미있겠다. 보고 선생님한테 알려줘."

"스포일러 해도 괜찮아요?"

대부분 대작일 경우 1탄의 말미에서 2탄을 예고하거나 2탄이 나와야만 하는 스토리가 전개됩니다. 대작 영화들은 스케일이 다른 데다 스토리도 흥미진진하다 보니, 상영 기간 내내 아이들은 모두 그 영화 이야기입니다. 영화 한 편 보기가 쉽지 않았던 우리 세대와는 달리, 요즘 아이들은 새롭게 상영되는 영화 중 화제작이 있으면 놓치지 않고 보는 경우가 많습니다. 원활한 소통을 위해 저도 그런 영화를 보고 수업시간 간간히 스포일러를 하면, 마치 같은 일을 꾸민 한 패 같은 기분이 되어 신나게 영화 이야기를 합니다.

확실히 요즘 아이들은 보는 것에 매우 익숙한 세대인 것 같습니다. 교재 속 이야기보다 영화 이야기에 더욱 눈빛을 반짝입니다. 부모님과 영화 보러 가기로 약속했다며 그 날을 손꼽아 기다리다가 그 주가 되면 표정도 달라지고 수업태도도 좋아집니다. 아마도 집에서 영화를 보여주는 것과 학생이 해야 할 일에 대한 무슨 뒷거래가 있었던 듯하지요? 저는 그런 것도 나쁘지 않다고 봅니다. 기대하고 기다리고 참고 드디어 영접하는 순간 얼마나 즐겁겠습니까?

수업 교재책 혹은 학습 주제와 관련된 영화가 있으면 다 보여주지는 못하지만, 가능한 짧은 설명과 클라이맥스라도 감상하려고 합니다. "자, 다들 마음속으로 카라멜 팝콘 하나씩 들었지?" 하며 수업과 관련된 영화의 일부를 감질맛 나게 보여주면 그 짧은 시간이라도 아이들의 표정은 영화관에 온 듯 설렘 그 자체입니다. 저마다 마음은 '즐거웠음 님이 입장하셨습니다' 상태이죠.

아이들의 최신 트렌드를 아시나요?

아이들은 시리즈 책을 좋아하는 경우가 많습니다. 후속작이 언제 나올지까지 다 꿰고 있기도 합니다. 그 정도면 단순한 관심 정도가 아니라 사랑입니다. 즐겁게 본 책의 후속작이 언제 나올지 알고 기다리는 것은 그냥 기다림이 아닙니다. 대단히 즐거운 기다림이며, 디데이가 다가올수록 설레는 일입니다. 저는 이 마음을 이용해보기로 했습니다. 재미있게 보았던 영화, 드라마, 심지어 노래까지도 그 뒷이야기를 꾸며 보게 합니다.

단, 이런 종류의 수업이 많아 흥미가 떨어질 수 있으므로 뒷이야기 꾸미기를 할 때는 최신의 핫한 주제를 제시해야만 합니다. 그래야지 아이들이 덤빕니다.

제가 부모나 교사들에게 항상 강조하는 것이 있습니다. 가르치는 입장에서 시대의 트렌드를 잘 읽는 것이 중요하다는 것입니다. 아이들이 무엇에 관심이 있고 무슨 영화를 좋아하는지 수시로 파악하고 있어야 합니다. 영화를 보여주더라도 그냥 시간 때우기 식으로 틀어주는 것이 아니라 가르쳐야 할 내용과 잘 접목시켜 그 뒷이야기를 꾸미도록 유도해야 합니다. 그러면 이미 본 영화의 영향으로 매우 실감 나며 인물과 사건과 배경 또한 제법 그럴싸하게 구성된 '작품'들을 들고 옵니다.

영화뿐 아니라 책도 마찬가지입니다. 책을 읽고 나면 그에 대한 여운이 남거나, 혹은 결말에 아쉬움이 있거나 주인공 주변의 인물에 대해서 더 이야기하고 싶은 이야기가 남는 등 저마다 책에 대한 감정을 가지게 됩니다. 그것에 대해 이야기를 쓰게 하면 무척이나 재미있어합니다. 스토리가 제법 탄탄한 이야기를 써오기도 합니다.

이처럼 영화든 책이든 아니면 뉴스든, 어떤 것을 보아도 뒷이야기를 생각하는 습관이 들면 세상의 모든 일에 대해 할 말이 생깁니다. 그러면 모든 일과 관련하여 쓸 거리가 생깁니다. 우리 어른들이 할 일은 아이들이 종이 위에서 연필로 수다를 떨 수 있게끔 판을 잘 깔아주는 것입니다.

아이들의 관심을 어떻게 이끌어내고 어떤 주제로 쓰게 할 것인지, 그 준비작업만 잘해준다면 아이들은 금세 종이 위에서 제법 잘나가는 시끄러운 수다쟁이가 됩니다. 아이들이 쓴 글을 읽다 보면 또 다른 2탄을 기다리게 되기도 합니다.

지금은 글쓰기가 밥 먹여 주는 시대입니다. 다양하고 재미있고 다시 읽고 싶어지고 2탄이 기대되는 글을 쓸 수 있도록 훈련을 많이 해보아야 합니다. 요리도 자꾸 해봐야 늘고 축구도 공을 가지고 자주 놀고 공과 친해져야 골로 연결됩니다. 글을 잘 쓰려면 자꾸 흰 종이 위에 머물러야 합니다. 이것저것 끄적이며 말도 안 되는 이야기라도 몇 번 쓰다 보면 저마다 이야기가 만들어집니다.

알아서 작품 활동하는 아이들

교실에서 수업을 하다 보면 교과서 위에 공책을 올려놓고 저를 부르는 듯한 눈빛이 종종 보입니다. 슬쩍 가보면 아예 대놓고 자랑을 합니다. 무슨 공책인고 하니, 그림을 좋아라 하는 아이들은 온갖 스케치를 해놓았고, 게임을 좋아하는 아이들은 갖가지 아이템 무기들을 그려놓았습니다. 더 나아가 자기가 개발한 것도 있습니다. 그중에서도 제가 제일 애정하는 종류의 공책은 바로 글을 써놓은 공책입니다.

저학년의 경우 동화, 고학년의 경우 소설을 써둔 경우가 가장 많습니다. 작품 중간중간 삽화도 그려놓았습니다. 지웠다 썼다를 반복한 흔적도 보입니다. 일부 내용만 읽어도 웃음이 피식 나오는 대목도 있고 어른들 소설책에서나 나오는 단어를 조합한 글도 보입니다. 그랬거나 어쨌거나 얼마나 예쁩니까? 밤잠 줄여가며 틈틈이 종이 위에서 놀았던 흔적을 보면 한없이 흐뭇하기만 합니다.

맛이 있으면 단골이 되고, 재미있으면 여러 번 읽게 되고, 좋았으면 또 가게 되는 것이 여행지입니다. 글쓰기가 재미있다는 인식만 심어주고 판을 잘 깔아준다면 아이들은 종이라는 여행지에서 마음껏 신나게 놀게 될 것입니다. 오늘 보여준 영화, 오늘 읽은 책 시리즈로 2탄 쓰기를 시켜보세요. 베스트셀러 작가들이 탄생할 것입니다!

실전! 연결 글쓰기
WORKSHEET

내가 재미있게 읽은 영화나 동화책을 떠올려보고, 아쉬웠던 점이나 더 보충할 내용을 넣어서 뒷이야기 혹은 제2탄 꾸미기를 해보세요.

________ 초등학교 ____ 학년 _____ 반 ______________

올바른 가치관을 스스로 만들어나갑니다

동물실험에 관한 수업을 하였습니다. 전 세계가 팬데믹 상황에 처하여 간절하게 백신을 기다리는 와중이다 보니, 수업을 더욱더 절실하고 실감 나게 할 수 있었습니다. 그러나 이 단원의 초점은 동물실험에 가장 많이 이용되고 있는 실험용 쥐의 입장에서의 글을 읽고 생각해보는 그런 단원이었습니다. 실험용 쥐들이 얼마나 많은 실험에 사용되고 있는지를 읽고 보고 들은 우리 아이들, 마음이 많이 아팠나 봅니다. 마지막 단계에서 실험용 쥐에게 그럴 수밖에 없는 인간들의 마음을 담아 편지 쓰는 시간을 가졌습니다. 한참 글을 쓰는데 어디선가 훌쩍 거리는 소리가 들립니다. 6학년 아이가 너무 속상하고 마음이 아프다면서 글을 쓰다가 펑펑 우는 것이었습니다.

글을 쓴다는 것은 우리 마음 안에 있었는지도 미처 몰랐던 내용들을 불러내는 과정이라 봅니다. 인간의 이익을 위해 희생되는 동물들에게 한없이 미안한 마음을 표현하다가 울었던 그 아이는 이기적인 사회 구성원이 아니라 정말로 마음이 따뜻한 어른으로 자라날 것이 분명합니다.

인성교육이 따로 필요 없는 이유

어니스트 톰프슨 시턴의 ≪시튼 동물기≫를 읽고 나면, 야생동물보호와 피해 농민의 입장 등 다양한 관점의 이야기들을 다 함께 읽습니다. 그리고 나서 인간과 동물이 함께 사는 사회를 꿈꾸며 그 해결책을 글로 쓰는 것을 보면, 더 이상 할 일 안 하고 고집을 부리는 그런 아들딸들이 아닙니다. 인간과 동물자연이 조화를 이루며 살아야 한다고 결론 짓기도 하고, 지구의 주인은 혼자가 아니라는 것을 잊지 말자고도 합니다. 캠페인이 따로 없습니다. 어른들이 주입식으로 가르치지 않아도 어떻게 살아야 할지 스스로 올바른 길을 찾습니다.

이처럼 책을 읽고 주제 논술을 하는 과정에서 자연스럽게 균형 잡힌 시각을 갖추게 됩니다.

인공위성이 우주 쓰레기에 부딪혀 파괴될 뻔했다는 기사를 읽고, 막대한 국민세금으로 쏘아 올린 값비싼 인공위성을 지킬 방법을 찾아보기도 합니다. 관련 영화를 보며 그 심각성을 깨닫고, 함께 우주인이 되어 해결 방법을 찾습니다. 이미 우리 아이들의 마음은 우주에 가서 쓰레기를 치우고 있습니다. 우주 쓰레기가 생기는 원인을 찾아보고 그것을 줄일 방법도 함께 공부합니다.

그리고 마침내 글로써 그에 관한 해결책을 내놓을 때는 마치 미국 나사의 연구원이 된 듯합니다. 인공위성을 설계하는 단계부터 쓰레기의 발생 원인을 최소화해야 한다고 주장하는가 하면, 위성 보유국들의 협력이 절실하다며 그 방법을 찾아내기도 합니다. 이렇게 결론을 도출해서 글로 옮기는 우리 아이들은 저마다 우주 과학자입니다. 국제사회의 공동대응책을 운운하면서 협동심을 몸속으로 체득합니다.

님비 현상은 또 어떻고요. NIMBYNot In My Back Yard를 처음 접할 때는 생소한 단어에 '냄비'로 알았다거나 너 혹은 당신을 나타내는 '님'인 줄 알았다고 합니다. 이렇게 장난스럽던 아이들이 그 내용을 배우고 나서는 지역사회의 혐오시설과 관련하여 다양한 아이디어를 진지한 태도로 내놓습니다. 님비 현상을 해결할 방법을 찾는 토론 활동 및 글쓰기 과정에서 지역사회 주민과 행정기관의 입장을 골고루 대변하기도 하고, 혐오시설을 예쁘게 만드는 아이디어를 내기도 합니다. 우리 아이들을 어디 국회에 내보내고 싶은 마음이 생길 정도입니다.

이렇게 이야기하니 제가 마치 지어내는 것 같죠? 진짜입니다. 우리 아이들은 이야기 마당을 잘 깔아주면 국회의원들보다 더 치열하게 토론하고 자기주장을 펼치며 글 속에서 의견을 피력합니다. 예를 들어 님비 현상을 PIMFYPlease In My Front Yard와 비교해 설명하면, 어른들보다 더 현실적인 관점에서 각자 유치하고 싶은 시설들을 말과 글로 섭외해옵니다. 평소 부모님들의 말을 허투루 안 듣고 있음이 그대로 드러나기도 합니다. 한편, 님비 현상에 대해 우려하면서도 "님비는 누구에게는 웃음을 주고 누구에게는 눈물을 안겨주는 거 같다"라며 넓은 마음으로 글을 마무리 짓는 걸 보면, 아주 예뻐 죽겠습니다.

그 외에도 수많은 주제들이 있습니다. 그때마다 글의 마무리는 늘 '해피엔딩'이거나 서로 '양보'하거나 '이해'하고 '함께' 해야 한다는 것입니다. 사실 아이들이 입으로는 투정 부리고 짜증 내고 심지어 욕도 하지만, 글을 쓸 때는 이성적이고 점잖아집니다. 심지어 위에서 살펴보았듯이 그 결론이 가히 평화적이고 전 세계를 향한 인류애로 가득 차 있습니다.

이처럼 글쓰기를 하다 보면 인성교육이 따로 필요가 없습니다. 억지로도 아닙니다. 글을 쓰는 과정에서 살고 있는 세상을 자세히 들여다보고, 우리가 살아온 세상과 우리가 살아갈 세상을 어떻게 만들지 고민하며 그 생각들을 정리합니다. 자세히 들여다봄으로써 세상과 사회를 더 잘 이해합니다. 이것이 우리 아이들이 글쓰기를 해야 하는 가장 큰 이유이기도 합니다.

노력의 과정을 즐겁게 받아들이고 성장합니다

한 배우가 있습니다. 나이는 스물셋입니다. 그녀는 아역배우 출신입니다. 다섯 살 때부터 드라마에 출연해 연기력으로 세상의 주목을 받은 배우입니다. 자신의 감정을 자유자재로 표현하여 드라마의 맛을 잘 살리기로 유명하죠. 아역배우로서의 한계를 딛고 그녀는 여전히 승승장구 중입니다. 아역에서 출발했지만 제대로 성인 역할에 잘 안착한 보기 좋은 그러나 보기 드문 배우입니다. 모든 아역 배우들의 롤 모델이기도 합니다.

또 다른 배우가 있습니다. 나이는 오십삼 세입니다. 마흔일곱 살이 되어서야 조연을 맡으며 주목 받다가 드디어 이름 석 자가 알려지면서 그의 연기력을 인정받아 이곳저곳에서 러브콜을 받고 있는 중입니다. 20여 년을 단역으로 전전긍긍하면서 "너는 연기에 소질이 없다", "다른 직업을 찾아봐라"는 등 수많은 질책과 무시를 견뎌내었습니다. 피나는 연기 연습 끝에 최근엔 하는 작품마다 칭찬 일색으로 행복한 나날을 보내고 있습니다.

천부적인 재능을 타고나서 하는 작품마다 호평을 받았던 배우와, 오랜 무명 기간과 설움을 통해 연기자의 길을 갈고닦아 늦깎이가 되어서야 인정받은 배우의 시작은 완전히 달랐습니다. 그러나 둘의 공통점은 결국에는 다른 사람들에게 인정을 받고 자신의 일에서 최고의 자리에 올랐다는 것입니다.

연기를 못해 다른 직업을 가지라는 말을 들은 그 배우의 연습 시간은 어땠을까요? 얼마나 피나는 노력을 했을까요? 정확한 발음을 위해 연필을 입에 물고 침을 질질 흘려가며 대본을 읽었을 테고 또래 혹은 연하의 배우들이 배역을 맡을 때마다 자신의 처지를 비관하며 자괴감도 많이 들었을 것입니다. 그러나 꾸준히 인내하고 도전했기에 지금과 같은 결과에 이르렀습니다. 그의 비결은 다름아닌 노력이었습니다.

가끔씩 수업시간에 A4용지를 나눠줄 때면 비수를 꽂는 소리가 참 가슴 아프게 들립니다.

"선생님, 저는 진짜 글을 못 써요. 자꾸 써보는데도 안 써져요. 머리가 멍해져요."

"맞아요. 저는 수학은 중2 문제를 푸는데 책 읽는 건 싫어요. 일기 쓰는 것은 더 싫고요."

그 옆에서 한 친구가 웃으면서 이야기합니다.

"나는 생각나는 대로 쓰니까 잘 써지던데. 그리고 나는 수학도 중3 것 푸는데, 뭘."

이 상황을 더 놔두면 자기 자랑 시간 아니면 잘난 척 대회가 될 것 같아 서둘러 이야기를 마치고 둘이 서로에게 눈빛 발사를 못하도록 강하게 말려봅니다. 글을 못 쓴다고 고백한 친구에게 자신은 잘 쓴다고 이야기한 친구는 정말 재수 없게 느껴질 것입니다. 자기는 아무리 노력해도 세 줄 이상을 못 쓰겠는데 그냥 쓰니까 써지더라고 이야기하니 시원하게 한 대 패주고 싶은 심정이었을 겁니다.

재수 없는 친구를 이기는 방법은 무엇일까요? 그것은 노력이라고 감히 말하고 싶습니다. 노력은 배신을 하지 않는다는 아주 고전적이고 고리타분하지만 진리와 같은 말씀이 있습니다.

아이들에게 노력의 필요성을 가르쳐야 합니다

학교에서 단체 줄넘기 대회가 있었습니다. 교내 곳곳에서 모둠끼리 점심시간과 쉬는 시간마다 연습하는 모습이 무척 보기 좋았습니다. 그런데 모둠마다 꼭 한 명 정도는 있는, 연습하기 싫어하던 한 아이가 반드시 잘하고 싶다는 마음으로 성실의 아이콘이 된 다른 구성원에게 붙잡혀 연습에 임하는 모습을 보았습니다. 그런 모습을 보니 재미있기도 하고 그 결과가 사뭇 궁금해지기도 했습니다.

그 모둠은 얼마나 연습을 하는지, 쉬는 시간마다 단 5분이라도 시간 나면 나가고 점심시간은 오롯이 매달려 연습하더군요. 그 모습을 볼 때마다 기특하기 그지없었습니다. 그리고 마침내 대회 날, 연습 벌레였던 그 팀의 줄넘기대회 결과는 단연 1등이었습니다. 원하는 결과를 얻어낸 비결은 두말할 것 없이 '노력'이었죠.

그러나 모든 노력이 항상 보상으로 이어지는 것은 아닙니다. 살다 보면 때론 아무리 노력해도 좌절하게 되고, 원하는 결과가 나오지 않아 상실감을 느끼게 되기도 합니다. 천부적인 재능을 가진 사람을 만났을 때 더욱 그러합니다. 몇 날 며칠을 노력했는데도 때로는 원래부터 뛰어난 사람을 못 이길 때가 간혹 생기기도 합니다.

우리 아이들이 이런 상황을 만나면 쉽게 포기하고 좌절할 수 있습니다. 이런 때 아무리 재능이 있어도 노력하지 않으면 그 재능은 유지되지 않을 것이며, 결국에는 더 많이 노력하는 사람을 못 이긴다는 걸 알려줘야 합니다.

재능과 노력이 각각 한 명의 사람이라 상상해봅시다. 처음에는 노력이 제 깜냥에 맞지 않은 일을 하느라 땀 흘리고 애쓰는 걸 보면서, 재능은 자만심을 느끼며 이렇게 말할 겁니다.

"더 노력해! (사실 그래 봤자 나한테 안 되겠지만.)"

그러나 시간이 지날수록 대세는 바뀔 것입니다. 노력이 끝까지 살아남을 것입니다. 초반에는 재능이 늘 좋은 성적을 내며 주목을 받을 테지만, 거기서 멈춘 채 자신을 단련하지 않으면 타고난 능력에서 한 발짝도 더 발전하지 못할 것입니다. 한편, 노력은 느려도 한 발 한 발씩 앞으로 나아갈 테고, 그러는 사이 언젠가는 재능을 추월할 것입니다.

대부분의 사람들은 한 가지씩 재능을 가지고 태어나지만 그 재능을 잘 활용하거나 계발하지 않으면 소멸될 수 있습니다. 재능이 있는 아이든 그에 비해 노력이 더 필요한 아이든, 이런 이야기를 깨닫게 해주는 교육이 필요합니다.

글 실력이 아닌, 글을 쓰려는 노력 그 자체를 칭찬해주세요

잘 아시다시피 아이들에게 책을 읽히고 글을 쓰게 하는 일이 제 주업무입니다. 양철북처럼 끝없이 아이들의 사기를 북돋워주고 칭찬해가며 읽게 하고 쓰게 하는 일이 여간 만만치가 않습니다. 글쓰기를 좋아해서 오는 아이들보다 하기 싫지만 글쓰기 실력이 부족해서 오는 친구들이 더 많습니다. 학교 수업에서도 논술과 글쓰기에 대한 반응은 극과 극입니다. 너무 좋아하는 아이들과 너무 싫어하는 아이들, 이렇게 양극화가 무척 심한 과목 중에 하나입니다.

가르치는 아이들을 분석해보면 처음에는 무척 흥미로워하며 또 곧잘 쓰는 친구들이 있습니다. 학년에 비해 글 쓰는 솜씨가 뛰어나죠. 한편, 학년보다 훨씬 수준 낮은 표현으로 글을 써서 살짝 당황스럽기도 한 경우가 있습니다. 그러나 이런 수준은 절대 고정된 것이 아닙니다.

읽기를 꾸준히 하지 않은 상황에서 글은 때론 설득력과 진정성 없이 쓰이곤 합니다. 반면 처음에는 수준 이하의 글을 썼던 아이일지라도 꾸준한 독서를 바탕으로 노력하다 보면 어느 순간 실력이 일취월장합니다. 학년이 올라갈수록 그 격차는 좁아지고, 글을 못 썼던 아이가 잘 쓰던 아이를 추월하는 일이 생기기도 합니다. 아이의 노력은 물론이고, 부모도 자녀를 글쓰기 환경에 많이 노출시킨 결과이죠. 즉, 많이 경험하게 하고 보여주고 느낌을 이야기하고 그것을 말과 글로 구체화하는 데 도움을 준 것입니다.

글쓰기는 인스턴트 음식이나 패스트푸드가 아닌 슬로우 푸드와 같습니다. 시간과 정성이 필요합니다. 성격 급한 엄마들은 실력이 점차 향상되어 가는 아이들의 작품을 보고서도 반응이 시큰둥할 때가 종종 있습니다. 학원까지 보냈는데 겨우 이것밖에 못 썼냐는 듯이 흠을 잡기도 합니다. 미안한 말이지만 초등생들이 글을 쓰면 얼마나 잘 쓰겠습니까?

가끔 아이의 처음 상태와 비교했을 때 혹은 학년에 비해 잘 쓴 것이 너무 기특해서 제가 아이 엄마에게 자랑하며 보여주기도 합니다. 그런데 아이 엄마가 기승전결이 뚜렷한 잘 짜진 논문을 기대한마냥 비판조로 이야기하면 힘이 쫙 빠질 때가 있습니다. 아이가 그만큼의 글을 쓰기 위해 얼마나 노력해왔는지 잘 알기에, 그럴 때면 아이와 한편이 되어서 글쓰기란 그런 것이 아니라고 엄마에게 하소연하고 싶기도 합니다.

노력의 과정을 칭찬해주면 아이들은 놀랍게 성장합니다. 재능으로 똘똘 뭉친 영재 혹은 천재로 태어나지 않은 이상, 우리 아이들은 무수히 노력합니다. 악보를 외우며 피아노를 치고, 지우고 쓴고 하며 그림을 그리고, '부었다 담았다'를 반복하며 레고를 만들고, 손가락이 부르트도록 연습하여 바이올린 연주를 합니다. 물을 수없이 마셔가며 생존수영을 배우고, 지우개로 수십 번씩 지워가며 일기를 쓰고, 무릎이 까지고 넘어지면서 금강 1장태권도 품새 중 하나을 합니다. 자전거를 배웁니다. 삼각 김밥 먹어가며 재시험에 안 걸리려고 어려운 단어를 외웁니다. 노력하고 또 노력합니다.

저는 그런 아이들을 보면 기특하고 대견합니다. 비 오는 날 비바람 맞고 운동화가 젖은 채로 책을 읽으려고 집어 드는 모습을 보면 안쓰러워 "잠시 쉬었다가 읽어"라고 해도 아이는 "아니에요" 하며 수줍게 책을 폅니다. 이처럼 우리 아이들은 이미 노력하며 살고 있습니다. 그 노력의 중요성을 긍정해주고, 노력하는 모습을 무한 칭찬해주세요.

이렇게 애쓰며 사는 아이들에게 노력의 중요성에 대해 글을 쓰게 하면, 한 바닥 가득 자신의 생각을 써 내려갈 것입니다.

실전! 연결 글쓰기 WORKSHEET

자신이 노력하여 좋은 결과를 얻은 경험이 있으면 써보고, '노력의 중요성'에 대해서 이야기해보세요.

________ 초등학교 ____ 학년 ____ 반 ____________

아이들이 가장 좋아하는 글의 제목을 알려드립니다

≪죽고 싶지만 떡볶이는 먹고 싶어≫ : 읽고 쓰는 것은 싫지만 황경희 논술은 오고 싶어

≪하마터면 열심히 살 뻔했다≫ : 하마터면 너무 잘 쓸 뻔했다

≪아홉 살 마음사전≫ : 열세 살 귀찮은 사전

≪좋아하는 일만 하고 사는 법≫ : 글쓰기 안 하고 사는 법

≪알고 보니 내 생활이 다 과학≫ : 알고 보니 내 생활이 다 읽고 쓰는 것

≪잘난 척하는 놈 전학 보내기 ≫ : 글쓰기 싫어하는 놈 황경희 논술 보내기

위의 제목들은 우리 제자들이 책장에 꽂힌 책들을 보고 혼잣말 반, 장난 반, 저와 이야기 나누며 책 제목을 바꾸는 놀이를 한 결과물입니다. 그들이 보기에도 읽고 쓰고 말하기가 중요하긴 한가 봅니다.

하루는 배운 내용을 정리하고 글로 쓰라고 제목을 내주었더니 한 녀석이 "선생님, 이 세상은 다 쓰는 거예요. 보세요. 글도 쓰지요. 돈도 쓰는 것, 마음을 쓰는 것, 신경도 쓰는 것, 모든 게 쓰는 거예요"라고 합니다. 그러더니 갑자기 꼬리를 내리면서 "저도 지금부터 글을 잘 쓸게요"라며 싱거운 소리를 하지 않겠습니까?

저의 수업 방식은 이렇습니다. 한 가지 책이나 주제를 2~3주 충분히 깊고 넓게 배웁니다. 관련 뉴스, 사건 관련 에피소드, 연결되는 책 소개 역사적 배경 등등 정해진 교재천재교육 <YES논술>, 글샘교육(주) <독서토론논술 1~6>로 배경지식을 충분히 익히는 것입니다. 그리고 주제에 따라 영상이나 이야기들을 통해 매우 다양하고 생생하게 지식을 전달합니다. 관심 밖이었던 주제들에 대해 접하고 공부하는 동안 아이들은 신세계에 온 듯합니다.

이렇게 학습 주제도 재미있고 그 주제에 대해 충분히 체득하고 나면, 글로 옮기는 작업은 의외로 쉬워질 수 있습니다.

자, 그럼 이제 글을 쓸 차례이죠. 제목을 제시할 때 명심할 점이 있습니다. 초등학생이 쓸 만한 소재로 배운 내용과 연결되고 마음에 드는 제목이어야만 비로소 마음을 연다는 점입니다. 쓰기 싫어하는 아이들에게 제목을 어떻게 주는가에 따라 글의 내용과 질이 완전히 달라집니다.

이때 부모 또는 교사의 역할은 아이가 배운 내용에 대해 개념을 잘 잡고 있는지 말과 글로 표현하게 하는 것입니다. 다시 한번 강조하건대, 글의 제목이 매우 중요합니다. 어떤 제목인가에 따라 종이 위에 생각을 잘 쏟아낼지 그렇지 않을지가 결정됩니다.

지금껏 제가 글쓰기를 가르치며 아이들이 가장 좋아하고 잘 썼던 제목들을 정리해보았습니다. 아이들과 함께 이야기 나눈 후 글로 쓰게 할 때 요긴하게 사용할 수 있을 것입니다.

글의 주제	아이들이 잘 쓰곤 하는 글의 제목	구분
날씨가 생활을 바꾸어요	비 오는 날 우리집 | 휴가 대 작전	저학년
칭찬합시다	나를 칭찬합니다 | 내가 제일 잘 나가	저학년
잘 노는 아이가 되자	신나게 놀았던 기억 | 동네 꼬마 녀석들 해가 지는 줄 모르고	저학년
세상 어디에도 없는 집 내가 지어볼게요	세상 어디에도 없는 집 내가 지어볼게요	저학년
엄마일? 아빠일?	우리 집은 아닌데… | 하기 싫은 일 시키시는 부모님	저학년
소중한 갯벌	갯벌은 소중해요	저학년
연예인을 어떻게 대해야 할까요?	내가 좋아하는 연예인을 소개합니다	저학년
사라지는 직업	30년 후 꿈을 이루고 난 후의 상상일기	저학년
아프리카 친구들	우리 집에 초대한 아프리카 친구	저학년
도서(아낌없이 주는 나무)	엄마, 아빠에게 감사편지 쓰기	저학년
도서(어느 날 빔보가)	나의 방 상상하여 꾸며서 설명하기	저학년
도서(돼지 책)	우리 집에서 나는 무엇을 할까	저학년
도서(왕자와 거지)	나와 바꾸고 싶은 사람	저학년
도서(15소년 표류기)	'고든'이 되어 섬의 규칙 만들어보기	저학년

글의 주제	아이들이 잘 쓰곤 하는 글의 제목	구분
도서(숙제 로봇의 일기)	내가 만든 숙제 로봇 사용설명서 만들기	저학년
도서(빨간 머리앤)	나의 가장 친한 친구를 소개합니다	저학년
도서(크리스마스캐럴)	스크루지 할아버지 설득하기	저학년
도서(피리부는 사나이)	이 세상의 거짓말들 다 찾아보기	저학년
도서(로빈슨크루소)	내가 새롭게 도전해 보고 싶은 일	저학년
게임 중독	내가 잘하는 게임을 소개합니다	고학년
돈 벌기, 돈 쓰기	1000만 원으로 돈 쓰기	고학년
너무나 다른 음식	□□ 식당 메뉴판 | 맛집 블로그	고학년
님비현상과 핌피현상	우리 마을 혐오시설 이렇게 리모델링합니다	고학년
외모가 가장 중요해?	외모지상 주의에 대한 내 생각 | 나의 이상형	고학년
억지로 하는 봉사활동	착한 척하기 | 나의 착한 친구	고학년
재능과 노력	재수 없는 친구 | 나의 피나는 노력	고학년
무서운 테러	테러는 무서워요 | 피해가족 인터뷰	고학년
외국인 노동자에 대한 자세	사장님, 나빠요 | 낯선 나라에서의 생활	고학년

글의 주제	아이들이 잘 쓰곤 하는 글의 제목	구분
동물실험	실험용 동물에게 내가 대신 사과할게	고학년
스마트폰 중독	마이 럽 핸폰	고학년
지구온난화	날씨가 이상해요 | 투발루가 어디 있었어요?	고학년
1인가구의 증가	혼자여서 좋은 점, 나쁜 점 | 혼밥은 싫어	고학년
인터넷에서의 잊힐 권리	나의 흑역사	고학년
공감교육	공감이 없는 사회 | 내 말 좀 들어봐요	고학년
차별을 없애자	내가 받은 차별 | 차별 없는 사회 만들기 프로젝트	고학년
가깝고도 먼 나라	이민가고 싶은 나라 | 내 인생의 최고의 여행	고학년
일등지상주의	2등의 의미 | 잊혀지는 2등	고학년
복제인간	복제 인간이라고 내가?	고학년
도서(사라, 버스를 타다)	나와 다른 것들에 대한 이야기	고학년
도서(나무를 심은 사람)	내가 존경하는 사람	고학년
도서(나의 라임 오렌지나무)	나의 라임 오렌지나무를 소개합니다	고학년
도서(마당을 나온 암탉)	나는 이렇게 살고 싶다 | 조금은 비겁한 인생	고학년

글의 주제	아이들이 잘 쓰곤 하는 글의 제목	구분
도서(원숭이 꽃신)	나는 이것 때문에 망했다	고학년
도서(어린왕자)	사막에 혼자 남겨진 나	고학년
도서(짜장 짬뽕 탕수육)	아엠그라운드 좋아하는 음식 맛 소개하기	고학년
도서(톰 아저씨의 오두막집)	나는 농장주인 아들입니다	고학년
도서(허클베리핀의 모험)	학교에 가야 한대, 그 이유는 있잖아 | 쉬는 시간 100%활용하는 법	고학년
도서(비밀의 화원)	나는 이럴 때 쫌 행복합니다	고학년
도서(소나기)	있잖아 이건 비밀인데 나 사실은 | 나의 소년 □□에게	고학년
도서(사랑으로 거둔 열매)	노블레스 오블리주를 아시나요? | 아름다운 부자	고학년
도서(동물농장)	나를 뽑아주신다면 | 올바른 지도자란?	고학년

위의 주제들은 앞에서 밝힌 대로 제가 주 수업교재로 사용 중인 천재교육 <YES논술>과 글샘교육(주) <손에 잡히는 독서토론논술>을 바탕으로 한 것입니다.

에필로그

끊임없이 '칭찬과 재미' 요소를 가미하면 수업도 재미있어지고
아이들의 글쓰기 실력도 향상됩니다. 이런 변화에 보람을 느끼며,
앞으로도 더 재미있게 잘 가르치는 사람이 되고 싶습니다.

글쓰기는 언택트 시대의 필수 소양입니다.
그러나 어렵게 생각할 필요는 없습니다.

어디선가 듣고 읽은 이야기 조각들을 하나하나
퍼즐 맞춰 제법 멋지고 커다란 그림으로 만들어나가는 과정이
바로 글쓰기입니다.

읽고 쓰기를 힘들어하는 아이가 180도 바뀌어
넓은 관심과 폭넓은 시야로 세상과 자기 자신을 이야기할 수 있는
'재미 만점 초등 글쓰기'가 되었으면 합니다.

수영을 배우려면 수영복은 물론 수영장에도 가야 하고,
자전거를 타려 해도 자전거와 그 외 안전 장비가 필요합니다.

그에 비해 아무런 준비물도 없이
오로지 종이만을 대면하면 되는 매력적인 글쓰기의 세계에
여러분과 여러분의 자녀들을 정중하게 초대합니다.